机场工程地基处理理论与实践

霍海峰　主　编

马新岩　张合青　韩黎明　副主编

中国建筑工业出版社

图书在版编目（CIP）数据

机场工程地基处理理论与实践 / 霍海峰主编；马新岩，张合青，韩黎明副主编. —北京：中国建筑工业出版社，2024.1

ISBN 978-7-112-29473-2

Ⅰ. ①机… Ⅱ. ①霍… ②马… ③张… ④韩… Ⅲ. ①机场－地基处理 Ⅳ. ①TU248.6

中国国家版本馆 CIP 数据核字（2023）第 248871 号

责任编辑：杨　允
责任校对：刘梦然
校对整理：张辰双

机场工程地基处理理论与实践

霍海峰　主　编

马新岩　张合青　韩黎明　副主编

*

中国建筑工业出版社出版、发行（北京海淀三里河路9号）

各地新华书店、建筑书店经销

北京科地亚盟排版公司制版

建工社（河北）印刷有限公司印刷

*

开本：787毫米×960毫米　1/16　印张：8¾　字数：173千字

2024年4月第一版　2024年4月第一次印刷

定价：**50.00**元

ISBN 978－7－112－29473－2

（41926）

前　言

我国幅员辽阔，自然地理环境差异极大，从东部沿海到西部内地，地基土种类繁多，其中冻土、软土以及其他不良地基土的分布十分广泛。随着我国经济的快速发展，机场工程的建设也进入了一个蓬勃发展的阶段。在工程建设初期通常需要选择地质条件良好的场地进行工程建设，但有时也不得不在无法满足建（构）筑物要求的地基土上进行工程建设，这时就需要对地基进行相应处理。

目前国内外有关岩土工程地基处理的方法有很多，地基处理的目的在于改善不良地基的土质，提高地基土的强度，使地基土保持稳定，从而保证工程建设的顺利开展以及后期建（构）筑物的安全使用。不同的地基处理方法都有相应的适用性和局限性，在进行实际的工程建设中，必须要根据具体的地质条件采用不同的处理方法。

考虑到机场工程建设的特殊性，本书力求贴近实际工程问题，内容丰富，取材面广，不同地基土章节中均附有机场工程地基处理方法和相关案例，突出实用性是本书的重要特色之一。此外，本书对特殊土和不良地质分别进行分类阐述，注重知识体系的系统性，在详细介绍了每种地基土的工程特性和相关基本理论进展后，辅之以案例介绍，注重理论联系实际，从而提高读者解决实际问题的能力。

全书共分为 3 篇，各章节的编写分工如下：第 1 篇为绪论，由马新岩、张合青、霍海峰等编写。第 2 篇为特殊土地基处理，其中冻土部分由霍海峰、肖恩照、曹元兵、戚春香、张文振等编写；软土部分由霍海峰、马新岩、张合青、戴轩、李红卫、范怡飞等编写；湿陷性黄土由蔡靖、韩黎明、李涛、侯森等编写；盐渍土由霍海峰、张金亮、马琳等编写；膨胀土由霍海峰、周亚军、李海潮、盛焕明等编写；第 3 篇为不良地质地基处理，其中岩溶由霍海峰、樊戎、孟乾峰等编写；液化由李涛、余虔、任庚等编写；高填方由范怡飞、李岳、支雁飞、韩进宝等编写。本书在编写过程中得到孙涛、穆锐和成鑫磊的校核。

参编单位包括民航机场规划设计研究总院有限公司、北京中企卓创科技发展有限公司、天津大学、中国人民解放军陆军勤务学院、中国极地研究中心、国防大学、中交一公局第六工程有限公司、山西交通控股集团有限公司、中海油研究总院有限责任公司、中国建筑东北设计研究院有限公司和中科建通工程技术有限公司，此外，还参考了很多单位和个人的文献，在此一并表示感谢。本书得到中央高校基金（3122020040）以及中国民航大学交通科学与工程学院学科建设项目的支持。由于编者的水平有限，书中难免存在疏漏和不当之处，敬请读者批评指正。

目　　录

第 1 篇　绪　　论

第 2 篇　特殊土地基处理

第3篇 不良地质地基处理

第1篇
绪论

第 1 章　国内机场发展概况

新中国成立至今，我国的机场建设发展经历了接收与改造旧机场、独立自主修建新机场和采用新技术修建与改扩建机场 3 个阶段。截至 2022 年，我国境内运输机场（不含中国香港、澳门和台湾地区，下同）共有 254 个，其中定期航班通航机场 253 个，定期航班通航城市 249 个。2019 年我国机场全年旅客吞吐量超过 13 亿人次，完成货邮吞吐量 1710 万吨。

依靠基础设施建设的大量投入，我国机场在发展速度和规模上都取得了一定成就，京津冀、珠三角和长三角世界级机场群处于飞速发展阶段，“一带一路”的开展给成渝枢纽机场、西安咸阳国际机场等带来了新的发展机会。而随着机场建设步伐的加快，机场岩土工程受到了新的挑战，如鄂州民用机场属于大面积填湖工程；浦东国际机场、深圳宝安国际机场、厦门新机场等都属于填海工程；吕梁机场建于深厚湿陷性黄土地基之上；四川九寨黄龙机场建于高陡边坡之上。此类机场的建设给岩土工程带来了极大的挑战。

当前，机场工程地基处理发展具有以下特点：

（1）设计方法革新：如碎石、水泥、粉煤灰、生灰和砂石桩等复合地基的设计。

（2）地基处理技术多元化：从早期广泛使用的垫层等浅层地基处理方法，逐渐过渡到深层地基处理方法，并且在一定条件下采用深层和浅层结合的地基处理方式，如堆载预压与冲击碾压等技术的组合使用。

（3）新材料运用：如土工材料用在地基处理中，当其埋在软弱地基土中，可形成高弹性复合体，承载力提高 3～4 倍，有效减少地基沉降。

（4）绿色和智能新发展：如建筑废弃物的再利用、废土场内消耗等绿色地基处理手段；智能化的地基处理施工技术，如数字化施工和智能压实等。

第 2 章　机场岩土工程存在的问题

机场工程地基处理需要考虑变形、稳定性、渗透及其他施工要求，目前，我国机场岩土工程存在的问题主要包括下面几项。

2.1　场区运行荷载差异问题

机场运行期内飞机荷载是变化的，导致相应的地基控制标准有所改变，表 2-1 列出了几个常见机型在不同状态下的重量。此外，场地不同区域的功能性差异，导致道面结构也有相应的变化，机场建设中往往根据建设项目的特点和总平面规划图，对场地进行分区。故机场工程的岩土设计指标，不仅与场地自然条件、工程地质条件、水文条件和地震条件等因素有关，还要考虑场地的分区功能。

不同机型在不同状态下的重量汇总表　　表 2-1

机型	最大滑行重量 / kN	最大起飞重量 / kN	最大着陆重量 / kN	最大燃油重量 / kN	空机重量 / kN	等级代码
A380	5620.00	5600.00	3860.00	3610.00	2774.76	F
B747-400	3987.00	3968.93	2857.63	2562.79	1827.21	E
B767-300	1596.50	1587.50	1361.00	1261.00	860.50	D
B737-300	566.99	564.72	517.09	476.27	326.02	C

2.2　沉降控制问题

为保证机场飞机起降的舒适性与安全性，机场道面沉降控制指标极为严苛。对于机场场道地基的允许沉降量，世界各国并没有统一规定，国际民航组织（ICAO）也未提出相关标准。我国民航机场设计一般采用工后沉降、工后差异沉降等指标控制地基沉降，要求如表 2-2 所示。

工后沉降和工后差异沉降　　表 2-2

场地分区		工后沉降 /m	工后差异沉降 /‰
飞行区道面影响区	跑道	0.2～0.3	沿纵向 1.0～1.5
	滑行道	0.3～0.4	沿纵向 1.5～2.0
	机坪	0.3～0.4	沿排水方向 1.5～2.0
飞行区土面区	应满足排水、管线和建筑等设施的使用要求		

由于跑道地基工后沉降与地基土类型、压缩层厚度和压实方法等诸多因素有关，不同机场工后沉降值相差较大。浦东机场在软土地基中修建，一跑道工后 11 年沉降平均值达 60cm，最大值达 80cm；二跑道工后 4 年沉降平均值达 23cm。日本大阪关西机场为填海地基修建，工后 4 年沉降值已超 150cm。部分机场跑道地基沉降控制指标如表 2-3 所示。

部分机场跑道地基沉降控制指标　　表 2-3

机场名称	工后运行期沉降 /m	差异沉降 /‰
上海浦东机场（三期）	≤0.35	1.5
贵阳龙洞堡机场	≤0.2	1.0
昆明长水国际机场	≤0.25	1.8
成都天府国际机场	≤0.25	1.8
乌鲁木齐国际机场	≤0.25	1.5
重庆江北机场	≤0.25	1.5
呼和浩特新机场	≤0.2	1.0

由此可见，不同的机场工后沉降差异较大，机场的工后沉降控制应根据各机场的具体情况、经济技术等条件进行分析确定。地基差异沉降直接影响着道面平整程度、飞机起降的安全性，因此地基差异沉降指标更应多方面考虑。随着众多综合交通枢纽的建设，机场逐渐成为多交通方式对接的枢纽中心，其中下穿工程进入飞行区对机场地基沉降控制、沉降指标确定及后期的沉降监测又提出了新的要求。

道面沉降的预测有很多种方法，不同预测手段得到的沉降量差异较大。现有的工程经验表明，各沉降计算方法的适用性是不同的，如何针对机场工程的实际特点，选择合理的沉降预测方法是机场工程设计和建设中的一大难点。

2.3　填料选择与压实问题

要控制场道的变形量，场区填料的选择与压实是关键。飞行区道面影响区和填方边坡稳定影响区填料应均匀、密实，其他区域应基本均匀、密实，土石方压实指标应符合规范规定。随着机场建设范围的扩大、建设速度的加快，部分建设区域填料需根据实际情况确定相应标准。重点如下：（1）在填料匮乏的条件下，合理选择替代品；（2）相对密度、压实度和固体体积率等压实指标需合理选择；（3）以适用性、耐久性为目标，机场在特殊气候、地质和施工条件下，填料或土体击实性能、填筑检测指标需合理选择；（4）挖填交界面填料出现差异后，为保证其差异沉降满足设计要求，需进行科学处理；（5）针对填料性质、地质条件和地下水水位等条件，合理地选择地基处理工艺。

2.4　边坡稳定性问题

机场边坡应根据边坡形式和地基处理方案进行相应的设计。在岩土工程勘察的基础上，分析判断边坡破坏模式、滑动类型与潜在滑裂面位置，合理选择稳定性分析方法和计算参数，采用定性分析与定量计算相结合的方法，综合判断边坡稳定性。

设计规范中明确了施工期和运营期边坡稳定性分析采用强度参数试验方法，并对不同项目、不同计算方法和计算工况下的边坡稳定安全系数做出相应的规定，挖方边坡应符合现行行业标准《民用机场飞行区技术指标》MH 5001 关于障碍物限制面的规定。边坡设计应保护和整治边坡环境，边坡水系要因势利导，尤其要注意机场大面积场平导致的地下水系变化。边坡排水设施的设计要超前考虑，相应的支挡结构也应注意排水设计，支挡结构后侧填土性质要进行相应的考虑。

2.5　水的渗透问题

水的渗透问题在机场建设中表现为以下几点：（1）不透水覆盖层下土体含水率大幅提高甚至饱和。在机场道面的覆盖下，随着温度场、水分场等条件的变化，跑道盖板下水分得到富集，飞机荷载作用下，在寒区机场中容易衍生各种病害。（2）机场道面宽度较大，导致由机场面层下渗的水分难以及时排出，易积累在道面下方，进一步衍生道面病害。（3）机场建设可导致场区内地下水位的变化，需对地下水位进行防控，避免对机场道基、道面的损害，如唧泥、渗水等问题。填海机场的地下水位普遍较高，易给施工和运营造成影响，如何疏导和防治过高的地下水位，是机场建设与和运营期间重点关注的问题。

2.6 不停航施工问题

自 2010 年起，我国开始对 37 个机场实施大规模扩建。随着大型机场改扩建工作的开展，运行与施工的矛盾越来越突出，尤其在机场运行影响区域的施工，存在成本高、工期长和施工困难的特点，给机场建设、运行效率和运行安全带来极大压力。

不停航施工对机场建设带来的影响如下：（1）净空限制严格，有效工作时间受限；（2）大型机械的使用限制（如强夯机具的选取）；（3）施工恢复时间较短；（4）多工序立体交叉施工需要较高的施工组织管理能力。

2.7 道面适航评价问题

广义的“适航”指不同航行条件下飞机的飞行能力，包括跑道平整度和道面破损对飞机运行安全的影响。跑道不平整会造成飞机振动，从而加速道面破坏。目前，国际上还没有成熟的跑道适航评价方法，现有标准多以平整度指标来评估跑道对飞机起降滑行的影响。其中，平整度仪是测量道面垂直方向上的高度，再计算出 100m 内所有数据的方差，其为统计参数，不能反映局部的不平整性。3m 直尺评价方法是以纵向 3m 的路面直尺最大间隙为控制标准，其反映了局部的道面状态，但不能反映沉降波长的影响。国际平整度指标 IRI 是采用 1/4 车轮（单轮）以恒定速率在道面上行驶，分析其竖向位移累计量，但其指数与乘客舒适性相关性较差。

第 2 篇

特殊土地基处理

第 3 章　冻　　土

我国冻土区分布较广，贺兰山—哀牢山一线以西，以及此线以东、秦岭—淮河以北的广大地区，分布着大片季节冻土。而青藏高原、西北山地和东北北部等地，分布着大片多年冻土。

首都国际机场、大兴国际机场、天津滨海国际机场、正定国际机场和北戴河机场等，都位于季节冻土区；而漠河古莲机场、伊春林都机场等则位于多年冻土区。季节冻土区机场道面易发生冻胀融沉等病害，常采用强夯法、换填法等地基处理方法进行处理；而多年冻土区，由于地温升高、冻土退化易发生路基沉陷等病害，路基工程中常采用片块石路基、通风管道埋设和热管等技术进行地基处理。

3.1　冻土的形成与特性

冻土的形成需具备两个条件：第一，温度不高于 0℃；第二，必须有冰存在且土颗粒为冰所胶结。如果岩土材料的温度低于 0℃，但不含冰则属于寒土；如果温度低于 0℃，但由于含水率较低而未被冰胶结，这种大块碎石土体和细分散性土则被称为松散冻土。寒土和松散冻土的物理力学性质与一般正温土基本相同，不属于冻土的范畴，这里说的冻土是岩土颗粒为冰所胶结的土。

一般而言，受气候、地质构造和地形等因素影响，岩石和土的冻结状态存在时间并不一致，可分为短时冻土、季节冻土和多年冻土，具体规定如下：

（1）短时冻土：存在时间只有数小时、几日以至半月的冻土，它有时出现在高纬度、中纬度或低纬度地区的寒夜，有时也出现在热带和赤道地区的高山上。

（2）季节冻土：一般指地壳表层冬季冻结、夏季全部融化的岩土层。主要存在于南北半球中高纬度地区，其厚度在北半球从北向南（南半球从南向北）逐渐减薄。

（3）多年冻土：冻结状态持续两年或两年以上的土或岩石。在多年冻土区，有些地方只有表层几米深的土层处于夏融冬冻的状态，该层被称作季节融化层。

3.1.1　冻土的形成

从冻土热物理学角度来看，冻土是岩石-土壤-大气圈系统热交换的结果，气候、地质构造和地形是影响自然界冻土形成的主要因素。气候条件主要指地表辐射、气温、降水、积雪、云量和日照等，气候因素的共同作用改变了土的热交换量，从而改变了岩石圈表层可积累的热力循环值即热通量，进而对多年冻土层的热状况、温度动态、分布、埋藏和成分产生影响。此外，地形变化、植被、雪盖、太阳辐射变化、岩相以及大地热流等，对冻土的分布、温度、厚度、冷生组构及形态组合产生作用，上述因素决定着冻土的形成过程、存在特征和分布特点。

在土的冻结过程中，土中水或水汽相变成冰取决于内应力和外应力共同作用，这种作用强度和速度的改变，使得土中水或水汽在相变成固态冰的过程中，冰晶与矿物颗粒在空间上的排列和组合形态各不相同，导致冻土的冷生构造也不同。在工程实际中，通常分为三种基本的冷生构造（图3-1），整体状、层状和网状构造，冻土的冷生构造不同，使得力学性质也不相同。

（1）整体状构造：冻土土颗粒间为孔隙冰所充填，无肉眼能看到的冰体。整体状构造冻土是在无水分迁移的情况下，由含水率小的土冻结而成，融化后其强度降低也较小。

（2）层状构造：冻土中的冰呈透镜状或层状分布，是在冻结时发生水分迁移的情况下形成的，融化后土的强度明显降低。

（3）网状构造：冻土中不同大小、形状和方向的冰体组成大致连续的网状，融化后土的强度急剧下降。

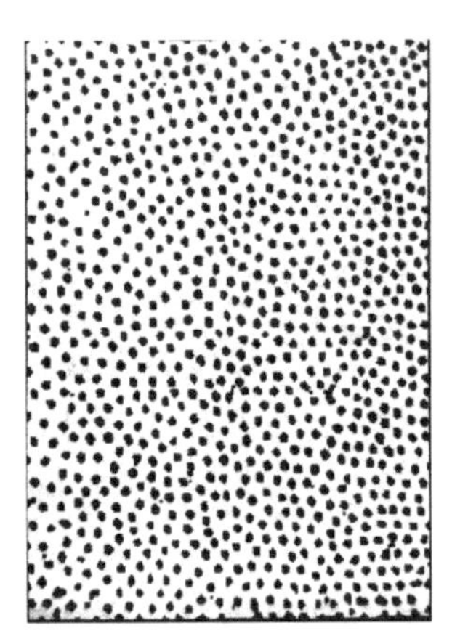
(a) 整体状构造

(b) 层状构造

(c) 网状构造

图3-1　冻土的冷生构造图

3.1.2 冻土的工程性质

从组成成分的角度看，冻土与未冻土的区别主要在于是否含有冰胶结物，而冰胶结物黏聚力依赖于温度，温度越低，冰胶结物黏聚力越大；温度越高，冰胶结物黏聚力越小；冻土融化时，黏聚力将消失。所以说，冻土工程性质的特殊性与冰有着千丝万缕的联系，正是由于冰的存在，从本质上改变了冻土的岩土力学性质，使其表现出的工程特性与未冻土明显不同。

第一，冻土强度的特殊性。由于温度在冻土的形成过程中起着决定性作用，所以冻土温度的高低决定着冻土强度的大小。通常，随着温度降低，冰胶结物之间的联结加强，未冻水的数量减少，水薄膜的厚度变薄，其强度增加。相反，当冻土融化时，由于冰胶结物之间的联结消失，孔隙增大，导致强度急剧降低，变形增大，这时冻土成为高压缩性土。

第二，冻土变形的特殊性。通常，冻土在荷载作用下会产生弹性、塑性和黏性变形。对于弹性变形，由于产生这种变形的荷载比引起矿物颗粒弹性变形的荷载要小得多，常不予考虑。冻土塑性变形的具体表现是产生不可还原的体积变形和剪切变形，它是由不可逆的剪切、矿物颗粒和冰的重新组合、薄膜水的移动引起的，其中空气的压出和冰的非还原性相变也是制约塑性体积变形的因素；冻土的黏性则表现为土体剪切变形或体积变形随时间变化，这种变形受非冻结水薄膜上矿物颗粒的移动所制约，同时还受冰和未冻水的黏性影响，冻土的黏性变形是不可恢复的。

3.2 冻土的物质组成

冻土是由土颗粒、冰、液态水和气体四种基本成分组成的非均质、各向异性四相复合体，每种成分的性质以及它们之间的比例关系和相互作用都决定着冻土的物理力学性质。

3.2.1 冻土中的土颗粒

冻土中的土颗粒是决定冻土工程性质的主要因素。对土颗粒的研究，不仅要分析粒径的大小及其在土中所占的百分数，还要研究固体颗粒的矿物成分和形状。此外，生物包裹体的含量也不容忽视，这是因为冻土中固体颗粒的尺寸、形态和成分决定着土颗粒比表面积的大小以及固体颗粒与水相互作用的活性。

1. 矿物与粒径大小

（1）砾石和砂粒：岩石经过风化而形成，以石英、长石和云母为主。无黏结性，无膨胀收缩性及胶体特性，通气透水性强，温度变幅大。当温度降到0℃时，土中的孔隙水基本全部冻结。

（2）黏性土：包括黏土矿物（高岭石、蒙脱石和伊利石）及一些无定形的氧化物胶体和可溶性盐类。颗粒不仅小而且高度分散，有较大的表面积和较强的表面能，具有胶结性及离子代换吸收性，但通气透水性差，当温度降到0℃时，土中的孔隙水有很大一部分没有被冻结。

（3）粉粒土：其颗粒大小介于砂砾和黏土之间，工程性质也介于砂砾和黏土之间。

实际上，天然土通常是由不同土性土粒所组成的混合物，混合物的性质取决于不同粒径土颗粒的相对含量。

2. 颗粒的形状与比表面积

固体矿物颗粒的形状在很大程度上制约着固体颗粒对外荷载接触应力的传递程度。崔托维奇所著的《冻土力学》一书中指出，在扁平云母砂中颗粒接触点处的外压力几乎不会使砂粒变形，而对于呈锐角的砂粒，接触点处的压力非常高，完全有可能使土颗粒破坏。

所谓比表面积，就是土颗粒的表面积与其质量之比。土颗粒为直径0.1mm的圆球时，比表面积约为$0.03m^2/g$，对于细颗粒的黏性土来说，高岭石的比表面积为$10\sim20m^2/g$，伊利石的为$80\sim100m^2/g$，而蒙脱石的高达$800m^2/g$。

砂砾等粗颗粒土，由于其比表面积小，孔隙水常以自由水的形式存在，冻结时，孔隙水几乎全部变成冰。黏土矿物成分不同，比表面积相差悬殊，其影响着颗粒与周围介质相互作用。

3.2.2 冻土中的冰

冰是冻土的重要组成部分，它决定着冻土的结构构造及物理力学性质。

负温状态和压力决定着冰的存在形式，普通冰是水在正常大气压下，温度不低于-100℃时冻结而形成的冰晶体，此时，冰的体积将比同质量的水增加9.07%，比热也会减少一半多。在不同荷载作用下冰粒内部及粒间的联结作用将随时间发生改变，使冻土能像黏性液体一样蠕动。

3.2.3 冻土中的未冻水

土冻结后，液态水并非全部转变成固态冰。由于颗粒表面能的作用，土中始终保持一定数量的液态水，我们把这部分水称作未冻水。有研究指出，即使在 -70℃的温度条件下，冻土中也会存在一定数量的未冻水。通常，未冻水是吸附于固体颗粒表面的结合水，它将随着温度的下降逐渐冻结。所以说，冻土中的未冻水与冰之间的数量随着外部因素的变化而变化，保持动态平衡状态。研究表明，影响冻土未冻水含量的因素主要有土质（包括土颗粒的矿物化学成分、分散度、含水率、密度、水溶液的成分和浓度）、外界条件（包括温度和压力）以及冻融历史。

1. 温度

温度是影响未冻水含量最主要的因素，在起始冻结温度时，只有能量最大的自由水转变成冰，继续降温时弱结合水才冻结。

2. 土质

土质类型对未冻水含量的影响，主要反映在比表面积。比表面积是一个综合指标，土颗粒越细，黏粒含量越多，比表面积越大，土颗粒束缚水的能力就越强，未冻水含量越大。

3. 盐类

盐的成分同样影响水分的相变，一般情况下，溶液中未冻水含量随盐的种类增加的顺序为：硫酸盐—碳酸盐—硝酸盐—氯化物。

4. 外荷载

外荷载对未冻水含量的影响，主要表现在外载对土体冻结过程中冻结温度的影响和对已冻土体中冰的压融作用。

3.2.4 冻土中的气体

在非饱和土冻结形成的冻土中，水汽可能是水分向冻结前缘迁移、聚集的重要来源，也是小含水率砂性土冻结时出现聚冰现象的原因。当冻土中有封闭气泡存在时，空气体积受温度波动影响比土体的其他成分大几十倍，封闭的气泡将大大增大冻土的弹性。另外，当温度下降时气体体积收缩会在气体中形成真空，导致土体中的水分向冻结边界迁移。

总之，冻土中各相成分之间转化，取决于矿物颗粒、冰表面与各种状态水之间的相互关系。

3.3 冻土理论进展

机场场道工程属于大面积不透水层覆盖，下部气体补给会在覆盖层下面形成高含水层。本节介绍气体补给下冻土水分迁移和冻胀特性，以及多相水分补给冻土冻胀量计算方法。

3.3.1 锅盖效应

气态水的迁移对于粗颗粒土路基水分的补充不可忽视，尤其当上部覆盖不透水层时，不透水层下部将聚集大量水分。对于路基中粗颗粒土隔离层，虽限制了下部液态水的迁移，但并不能有效阻断气态水的补给。

姚仰平等针对兰州中川机场道面不均匀沉降问题进行分析并提出“锅盖效应”这一概念，是指当地表存在不透气覆盖层时，水分蒸发效应受阻而在覆盖层下集聚的现象，并指出即使在干旱低水位地区，由于水分蒸发受阻也可导致土体发生冻胀、不均匀沉降等工程病害。滕继东等利用PDV理论模型对“锅盖效应”发生机理进行探究和分类，探索建立非饱和冻土水热气耦合迁移数学模型，并利用COMSOL Multiphysics软件进行有限元求解，认为第一类“锅盖效应”（即水汽冷凝的过程）不会对道面覆盖层下方含水率产生太大影响，应该重视第二类“锅盖效应”（即水汽迁移成冰过程）。贺佐跃等基于热力学平衡理论提出水汽成冰计算方法，并将其引入非饱和土水热耦合理论框架中，建立考虑气态水迁移非饱和土控制方程（冻土液态水-水汽-热耦合迁移模型），并详细分析气态水在砂土、粉土和黏土中的迁移规律。

姚仰平等结合兰州中川机场、敦煌机场和哈大铁路客运专线发生的实际工程病害案例，提出防治“锅盖效应”的应对措施，并采用非饱和冻土水热气耦合迁移数学模型进行验算，研究结果表明：将隔断层设置在土体横向“零度线”附近的正温区域可有效抑制“锅盖效应”产生，但在隔断层下会发生“二次锅盖效应”。罗汀等在北京大兴国际机场跑道施工现场开展了水汽迁移现场一维模型试验，采用以频域反射法（FDR）为原理的土体水分温度监测系统，对含水率进行修正，对比冬季前后施工现场土体含水率变化，发现隔断层可有效抑制施工现场土体“锅盖效应”。

3.3.2 气体补给下冻土水分迁移和冻胀特性

为进一步研究“锅盖效应”气体补给下土体的水分迁移和冻胀特性，雷华阳等自制水汽迁移冻胀设备分析了初始含水率和温度梯度对水分迁移和冻胀的影响。设备采用上暖下冷的形式，水汽从上部补给，可实现水分和热量在竖向的一维传导，其装置的简图如图3-2所示。

1. 初始含水率影响

开展不同初始含水率试样含水率随冻结时间变化规律研究，如图3-3所示。可以看出，随着试样高度的增加，含水率呈现出先增后减的趋势，初始含水率为

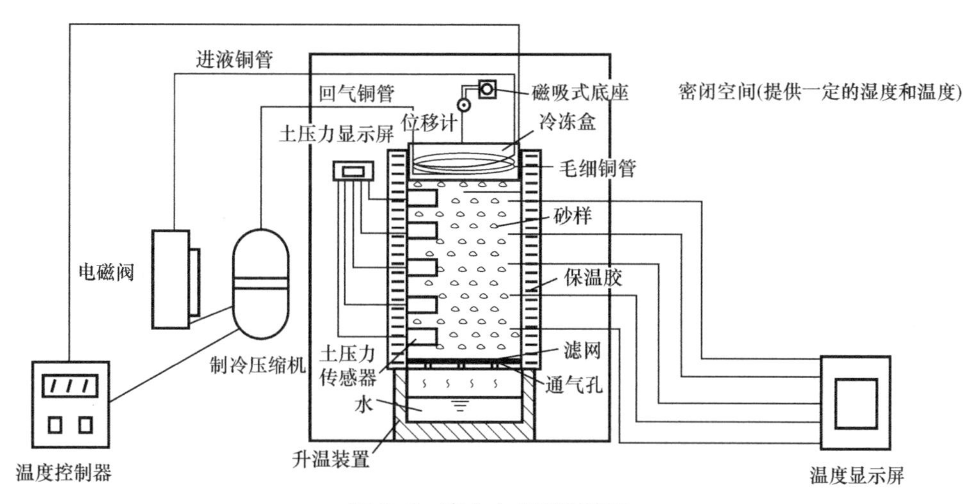

图 3-2　冻土水分迁移装置

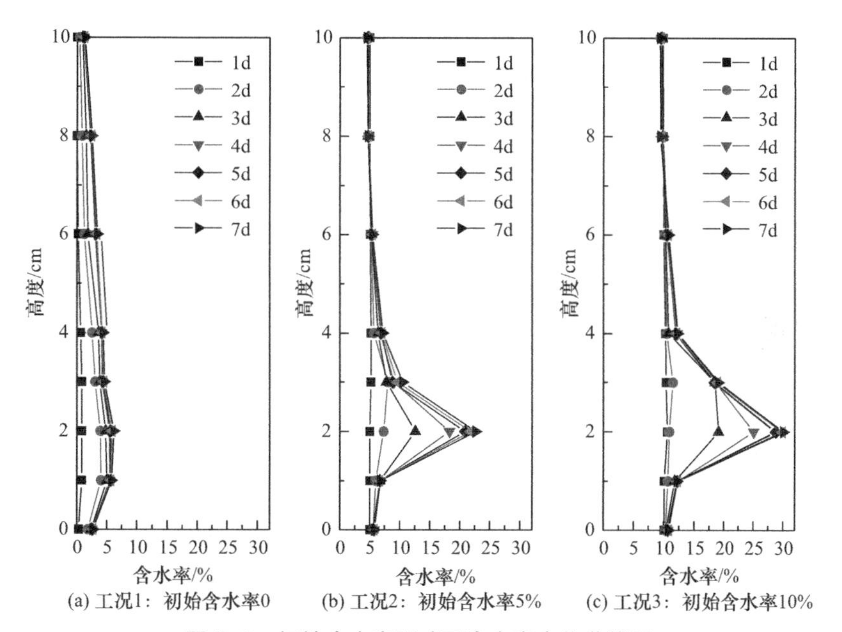

图 3-3　初始含水率影响下含水率变化曲线图

0、5%、10% 的试样均在 2.0cm 高度处出现含水率峰值。初始含水率越大，冻结 7d 后，试样的总体含水率越大。

引起水汽在试样中迁移的原因主要有两个方面：一是试样上下端温差形成的温度势，会引起试样上部高温区域运动剧烈的水分子向低温区域迁移；二是试样冻结成冰区域基质势增加形成吸力，引起水汽由高压区域向低压区域迁移。当初始含水率较高时，试样内部更容易冻结成冰，吸附更多的水汽向成冰区域迁移，并进一步加剧水汽相变，导致含水率迅速增长。相反，当初始含水率较低时，试样含水率增长曲线趋于平稳。

开展初始含水率为0、5%和10%试样冻胀量随冻结时间变化规律研究，如图3-4所示。可以看出，在相同的冻结时间内，试样冻胀量随着初始含水率的增加而增加。当初始含水率为10%时，试样在冻结7d时的冻胀量达到3.50mm。当初始含水率为5%时，试样在冻结7d时的冻胀量为1.47mm，冻胀量比初始含水率为10%的试样减少58.0%。当初始含水率为0时，试样在冻结7d时的冻胀量为0.42mm，冻胀量比初始含水率为10%的试样减少88.0%。

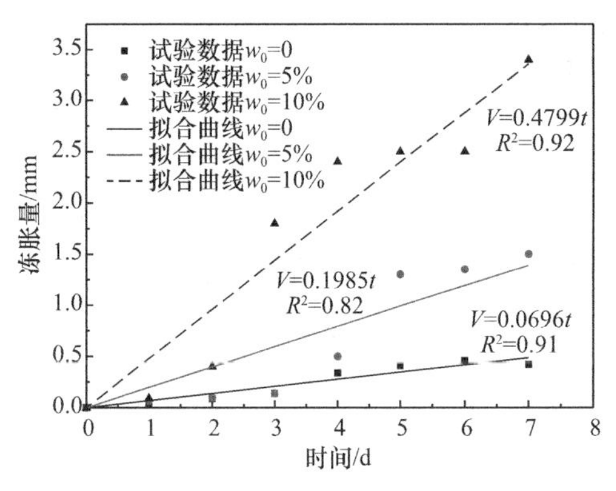

图3-4 不同含水率冻胀试验数据拟合曲线图

试样冻胀量是水分相变程度的宏观体现，相同条件下，一定冻结时间内初始含水率高的试样中会有更多水分发生冻结，且初始含水率高的试样导热系数相对较大，容易形成冻结缘进而发展成冰透镜体，冰透镜体的产生又加速了对试样中水汽的吸附，从而导致含水率高的试样冻胀量较大。

2. 温度梯度影响

不同温度梯度下试样含水率随着冻结时间的变化趋势基本一致（图3-5），

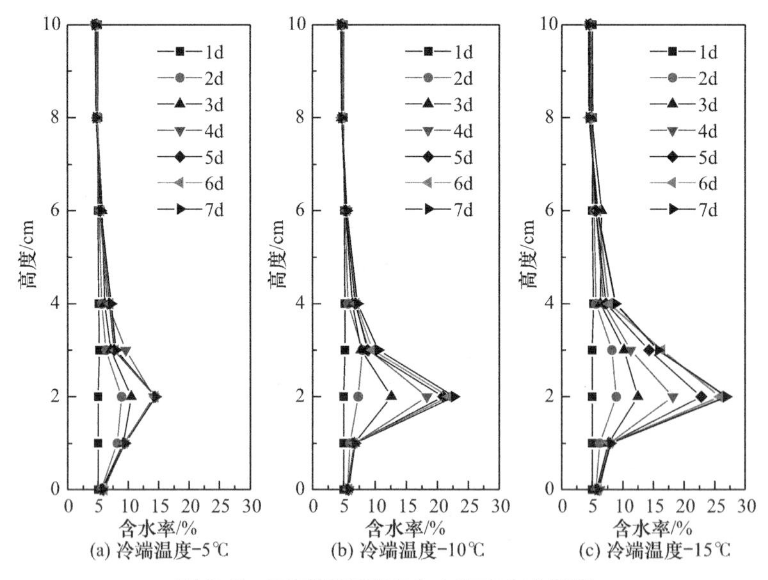

图3-5 不同温度梯度含水率变化曲线图

在 1～4cm 高度处含水率变化幅度较大。随着温度梯度增加，试样冻结 7d 后含水率变化曲线向右凸出程度明显增加，试样发生水分迁移的现象更明显。试样含水率峰值出现以后，随着冻结时间的增加，含水率峰值位置以下水分增长基本停滞，含水率峰值以上 2cm 范围内水分仍会有小幅增加。

温度梯度增大加剧水汽迁移现象的原因在于：随着冷端温度的降低，相同冻结时间内试样向外界释放出来的热量越多，试样温度降低速度越快，加速了试样内部冰相生成，冰相加速生成将导致水汽从高温区向低温区迁移速率的增加。

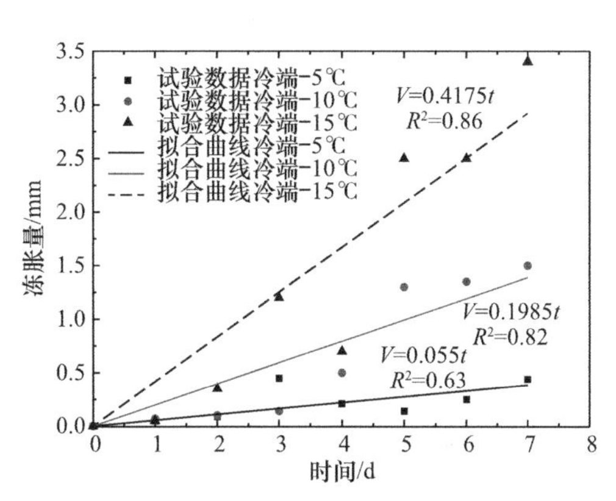

图 3-6　不同温度梯度冻胀试验数据拟合曲线图

在相同的冻结时间内，试样冻胀量随着温度梯度的增加而增加（图 3-6）。当冷端温度 -15℃时，试样冻结 7d 后冻胀量达到 3.41mm。冷端温度 -10℃时，试样冻结 7d 后冻胀量为 1.47mm，冻胀量减少 56.89%。冷端温度 -5℃时，试样冻结 7d 后冻胀量为 0.44mm，减少 87.09%。可见，试样冻胀量随着温度梯度的增加而大幅增加。

试样中气态水的迁移主要受温度势的影响，冷端温度越低、温度梯度越大，试样的温度势越大，导致水汽迁移速率增加。此外，随着冰透镜体的形成，冻结锋面以下区域的温度梯度、冰压、上覆压力及水流尚未处于平衡状态，在较低温度条件下冰透镜体的生长速率将高于冻结锋面以上高温度区域的土体。

3.3.3　PCHeave 冻胀模型

土在冻结过程中会产生冻胀，导致机场道面板出现不均匀变形，冻融过程会显著降低土体的强度，衍生更为严重的工程病害。热耦合水分迁移是研究冻土工程的重要理论基础，即土在冻胀过程中往往伴随着温度的改变和水汽迁移，表 3-1 为几种常见的冻胀模型。

土冻胀的本质是水分迁移导致冰透镜体不断生长。当细颗粒饱和土在 0℃以下时，部分孔隙水会首先固化成孔隙冰。而靠近土颗粒表面及冰粒表面的未冻水，以水膜形式紧紧包裹在固体颗粒上，其自由能随温度降低而降低，即水势梯度与温度梯度同向。因此，较高温度区域的液态自由水会被连续吸附形成新的孔隙冰颗粒。随着冰颗粒的增长，冰颗粒会彼此连接，形成垂直于热流及水流方向的冰透镜体。

常见的冻胀模型 表3-1

模型名称	特点	局限
毛细冻胀模型	指出毛细吸力是土体中水分迁移的驱动力，该力与固-液界面曲率和表面能相关。水分通过土体孔隙形成的毛细管不断补给冰透镜体	无法解释冻土中不连续的冰透镜体的存在
水热耦合理论模型	强调液态水膜对土体冻胀的影响，弥补了毛细冻胀模型的劣势。考虑应力场、上覆压力和变形场对冻胀量的影响	土壤水热参数、变量及边界条件的确定对冻胀量预测的结果影响大。难以处理移动冻融界面的问题，难以预测新冰透镜体的形成
刚性冰模型	引入冻结缘、分凝势和分凝温度的概念，可以在形成机理上解释新冰透镜体的形成	计算过于复杂，计算冻胀量与实测量有差距

D. Sheng 等对刚性冰模型做了进一步扩展，建立了一系列冻胀模型并开发了PCHeave 程序，其仅需要少数且具有明确物理意义的参数，如：干重度、初始含水率、饱和度、饱和透水性等，可同时考虑土层、上覆压力和地下水位线等因素对土体冻胀的影响，模拟土中独立冰透镜体的萌生，并预测土的一维冻胀，该模型在实际工程建设中具有很高的应用价值。

1. 基本假设

PCHeave 冻胀模型是盛岱超开发的计算机程序，可以模拟土中离散冰晶的形成并预测一维冻胀。该模型仅涉及少量土参数，基本假设如下：

（1）假定存在一直被水或冰饱和的冻结缘。

（2）冻结锋面的水汽流入将凝结成水，并充满冻结缘的孔隙。

（3）土剖面由任意数量的土层组成。

（4）每个土层中的温度梯度是线性的，但可随时间变化。

（5）冻结缘的渗透性随温度呈指数下降。

（6）冻结缘和未冷冻的每个土层中的水流量在空间上是恒定的，但可随时间变化。

（7）冻结缘中的孔隙冰颗粒以刚性体的形式连接到温度最高的冰晶状体上。

（8）Clapeyron 方程用于描述水 / 冰界面处的压力和温度。

（9）在任何时候，只有一个冰晶在生长（一旦形成新的冰晶，旧的冰晶就会停止生长）。

（10）冻胀的速率与冰晶体的生长速率相同。

2. 冰透镜体生长判定

假定当土中的有效应力接近零时，将产生一个新的冰晶体。有效应力定义如下：

$$\sigma' = \sigma - \frac{n-I}{n}u_{\mathrm{w}} - \frac{I}{n}u_{\mathrm{i}} = \sigma - u_{\mathrm{n}} \tag{3-1}$$

式中，σ 为总应力或总上覆压力；σ' 为有效应力；n 为土的孔隙率；I 为冰含量；u_{w} 为孔隙水压力；u_{i} 为孔隙冰压力；u_{n} 为中性压力。

在吸力中出现的透镜暖侧的水压力，通过热力学中的 Clapeyron 方程计算，吸力中出现的镜片温暖侧的水压受偏析温度和上覆压力的影响。假设冰水界面处于平衡状态，则通过积分 Clapeyron 方程，冰压、水压和温度之间的关系如下：

$$\frac{u_{\mathrm{w}}}{\rho_{\mathrm{w}}} - \frac{u_{\mathrm{i}}}{\rho_{\mathrm{i}}} = L\frac{T_{\mathrm{s}}}{T_0} \tag{3-2}$$

式中，ρ_{w} 为液态水的密度；ρ_{i} 为冰的密度；L 为水的比潜热；T_0 为水的冰点，以开尔文为单位；T_{s} 为冰-水界面处的温度，或者称为分离温度。

将式（3-2）代入式（3-1）中，可以消除冰压并得到如下表达式：

$$u_{\mathrm{n}} = \left(1 - \frac{I}{n} + \frac{I}{n}\frac{\rho_{\mathrm{i}}}{\rho_{\mathrm{w}}}\right)u_{\mathrm{w}} - L\rho_{\mathrm{i}}\frac{I}{n}\frac{T_{\mathrm{s}}}{T_0} \tag{3-3}$$

式（3-1）表明，在产生新冰晶透镜体时，有效应力接近零。

PCHeave 模型能够较好地描述在不同加载条件下土柱的冻胀过程（图 3-7），即在温度梯度作用下液态水逐渐由土柱的暖端向冻结缘迁移，导致冰透镜体逐渐生长并最终产生冻胀。PCHeave 模型的计算结果同时表明冻土内的冰透镜体在生长的过程中具有分层的现象，冰透镜体的厚度也会依据其空间位置形成差异。

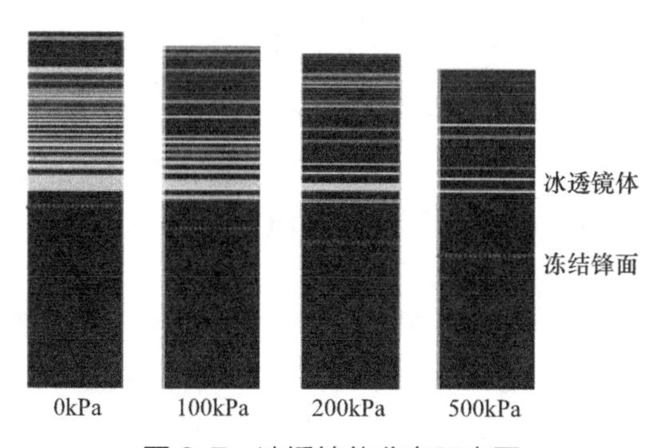

图 3-7 冰透镜体分布示意图

3.3.4 基于水热耦合模型的冻胀量计算模型

1. 水热耦合模型

为获得路基冻胀量，首先要计算土中水分场分布规律。为描述土中气液迁移及水分三种状态质量转化过程，建立质量守恒方程，气液迁移的驱动势主要包括基质吸力、温度和重力作用：

$$\frac{\partial\theta_{\rm w}}{\partial t}+\frac{\partial\theta_{\rm v}}{\partial t}+\frac{\rho_{\rm i}}{\rho_{\rm w}}\frac{\partial\theta_{\rm i}}{\partial t}=\frac{\partial}{\partial z}\left[K'_{\rm wh}\left(\frac{\partial h}{\partial z}+1\right)+K_{\rm wT}\frac{\partial T}{\partial z}+K_{\rm vh}\frac{\partial h}{\partial z}+K_{\rm vT}\frac{\partial T}{\partial z}\right] \tag{3-4}$$

为描述土中温度场变化及能量传递过程，建立能量守恒方程：

$$C_{\rm p}\frac{\partial T}{\partial t}-L_{\rm i}\rho_{\rm i}\frac{\partial\theta_{\rm i}}{\partial t}+L_{\rm v}\rho_{\rm w}\frac{\partial\theta_{\rm v}}{\partial t}=\frac{\partial}{\partial t}\left[\lambda\frac{\partial T}{\partial z}\right]-C_{\rm w}\frac{\partial(q_{\rm w}T)}{\partial z}-C_{\rm v}\frac{\partial(q_{\rm v}T)}{\partial z}-L_{\rm v}\rho_{\rm w}\frac{\partial q_{\rm v}}{\partial z} \tag{3-5}$$

负温条件下的未冻水含量可由下式得到：

$$h'=L_{\rm i}\frac{T-T_{\rm f}}{gT_{\rm f}}(T<T_{\rm f}) \tag{3-6}$$

其中，$T_{\rm f}=273.15{\rm K}$ 是纯水的冰点。将上式带入土水特征曲线，即可得到未冻水含量如式（3-7）所示。

$$\theta_{\rm u}=(\theta_{\rm s}-\theta_{\rm r})[1+(-\alpha h')^{n}]^{-m}+\theta_{\rm r} \tag{3-7}$$

结合式（3-4）计算得出的液态水体积分数 $\theta_{\rm w}$ 可计算负温条件下的冰相体积分数，如式（3-8）所示。

$$\theta_{\rm i}=\begin{cases}0\\ \theta_{\rm w}-\theta_{\rm u}(T<T_{\rm f},\theta_{\rm w}>\theta_{\rm u})\end{cases} \tag{3-8}$$

式（3-4）、式（3-5）和式（3-6）为水热耦合迁移模型的 3 个独立方程。其中独立变量共 3 个，分别为水头、温度和未冻水含量。利用 COMSOL Multiphysics 有限元平台对非饱和冻土中的水热耦合迁移进行分析，采用有限差分法进行时间离散，设置边界条件并迭代求解不同位置的水头、温度和未冻水含量，并通过式（3-7）和式（3-8）计算出相应的体积含水率等参数。

2. 冻胀量计算模型

通过上述水热耦合模型，可以得到水分补给下某土柱的水分场分布。假设冻结过程中土柱为完全侧限，即土柱产生冻胀时，土体只产生竖向变形。

细观上，该土柱是由液态水、固态水（冰）、气体和土颗粒四种物质组成，四者在土柱中的体积分数相加应为 1。水热耦合模型中，$\theta_{\rm i}$ 是固态水（冰）等效成液态水后在土柱中的体积占比，水凝结成冰时体积膨胀率假设为 1.1，因此，四种物质的体积分数存在下式关系：

$$\theta_{\rm u}+1.1\times\theta_{\rm i}+\theta_{\rm g}+\theta_{\rm z}=1 \tag{3-9}$$

式中，$\theta_{\rm u}$、$\theta_{\rm i}$、$\theta_{\rm g}$ 和 $\theta_{\rm z}$ 分别为液态水体积分数、冰体积分数、气体体积分数和土颗粒体积分数，四者之和为 1。$\theta_{\rm u}$ 和 $\theta_{\rm i}$ 分别按式（3-7）和式（3-8）计算。

图 3-8 为冻土冻胀机理示意，图中实线 $S_{\rm w}$ 为冻结前土体的饱和度，即液态

水占孔隙的体积比，可用式（3-10）表示。S_w 最大为 1，此时土体饱和；当 S_w 小于 1 时，土体为非饱和状态。

$$S_w = \frac{\theta_u + \theta_i}{1-\theta_z} \tag{3-10}$$

式中，S_r 为未冻水占孔隙体积比，如公式（3-11）所示，式中 θ_u 由公式（3-10）得出，其与温度相关。

$$S_r = \frac{\theta_u}{1-\theta_z} \tag{3-11}$$

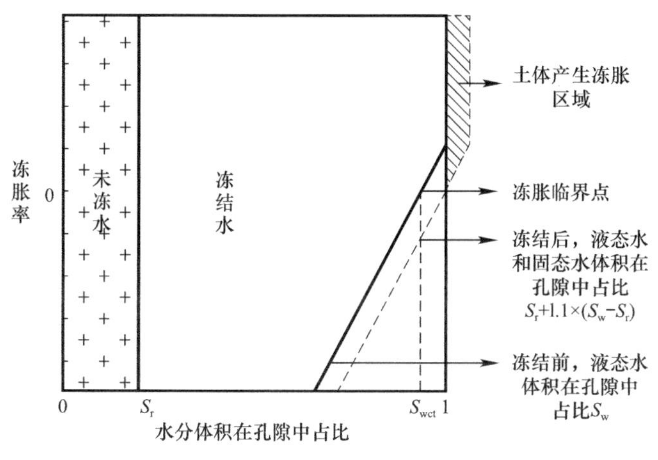

图 3-8　冻胀机理示意图

冻结后，冻结水产生膨胀，膨胀系数假设为 1.1，水分总的体积比如图 3-8 中虚线所示。当虚线与饱和度为 1 的直线相交时，可认为冰和未冻水完全充满孔隙，此时为冻胀临界点，对应的饱和度为临界冻胀饱和度；在该点以上，可认为未冻水与冰的体积之和大于孔隙体积，此时发生冻胀。

对于图 3-8 中冻胀临界点，存在下面关系：

$$1 - S_r = 1.1 \times (S_w - S_r) \tag{3-12}$$

此时，可认为 S_w 的数值大小等于发生冻胀的临界值 S_{wct}：

$$S_w = S_{wct} = \frac{1-S_r}{1.1} + S_r \tag{3-13}$$

将式（3-10）、式（3-11）代入式（3-12），可得出以下关系：

$$1.1 \times \left(S_{wct} - \frac{\theta_u \times S_w}{\theta_u + \theta_i} \right) = 1 - S_w \tag{3-14}$$

模型中固相冰的体积随冻结时间发展而增大，恰好充满孔隙时，即为发生冻胀的临界点。整理上式可得 S_{wct} 表达式：

$$S_{wct}=\frac{1}{1.1\times\frac{\theta_i}{(\theta_s-\theta_r)}+1} \tag{3-15}$$

故，当 $S_w<S_{wct}$ 时，冻胀率为 0；当 $S_w\geqslant S_{wct}$ 时，冻胀率为膨胀的体积与土体总体积之比：

$$\varepsilon=0.1\times(S_w-S_r)\times(1-\theta_z) \tag{3-16}$$

基于上述理论，对模型冻胀率进行积分，可计算模型整体冻胀量：

$$\Delta L=\int_0^z\varepsilon \mathrm{d}z \tag{3-17}$$

综上，将水热耦合模型计算得出的未冻水含量等参数代入式（3-16）可计算模型冻胀率，再代入式（3-17）即可计算出模型冻胀量。

3. 模型验证

图 3-9 为中哈大客运专线 K977 断面计算剖面，其中 A/B 组填料初始含水率为 10%，细粒土初始含水率为 30%，碎石土初始含水率为 10%。考虑到实测数据中路基地表温度的是波动的，根据实测资料，K977 断面在 2013 年 11 月至 2014 年 2 月期间冻胀量最明显，地表温度均在 20℃以下且相对稳定。温度场初始条件为路基地表温度为 -17℃，地基土温度为 12℃，该条件代表了哈大客运专线 K977 断面的平均水平，计算时间为 120d。

本节计算作出以下假设（图 3-10）：

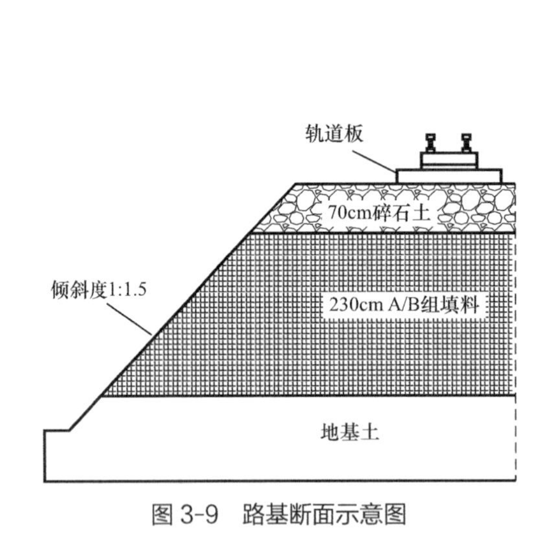

图 3-9　路基断面示意图

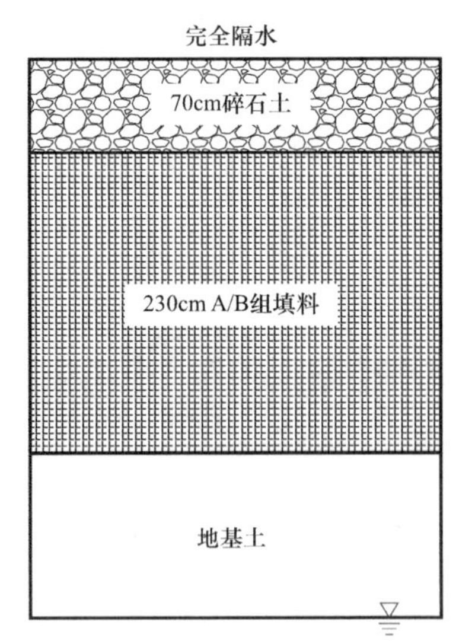

图 3-10　简化的计算示意图

（1）将路基顶部砂浆层及轨道板视作完全隔水；

（2）文献现场试验测量冻结深度为 1.3m，故地基土计算高度取 1.3m；

（3）地下水位取路基以下 1.3m 处。

利用 VG 模型对 A/B 组填料的拟合参数，以及细粒土的取值参数，如表 3-2 所示。

水土特征参数　　表 3-2

土性	a/m^{-1}	n	m	l	K_s/(m/s)	θ_s	θ_r
A/B 组填料	3.2	1.3	0.23	0.5	5.67×10^{-7}	0.23	0.04
细粒土	4.01	1.22	0.18	0.5	1×10^{-7}	0.38	0.067

注：a、n、m、l 为 VG 模型拟合参数；K_s 为饱和渗透系数；θ_s 为饱和含水率；θ_r 为残余含水率。

图 3-11 为数值计算结果与实测值对比情况，可以看出，本模型计算冻胀量在冻结初期发展较快，随着冻结时间发展冻胀量发展的速率逐渐减缓，120d 后稳定在 13.4mm 左右。图中引用 Niu 等对哈大客运专线 K977 断面的监测情况，初始冻结时间为 2013 年 11 月 15 日。冻结初期的 30d 冻胀量发展较快（约为 10mm），30d 以后发展速度减慢，冻结 120d 后稳定在 14mm 左右。可以看出，计算冻胀量与实测值发展吻合较好。

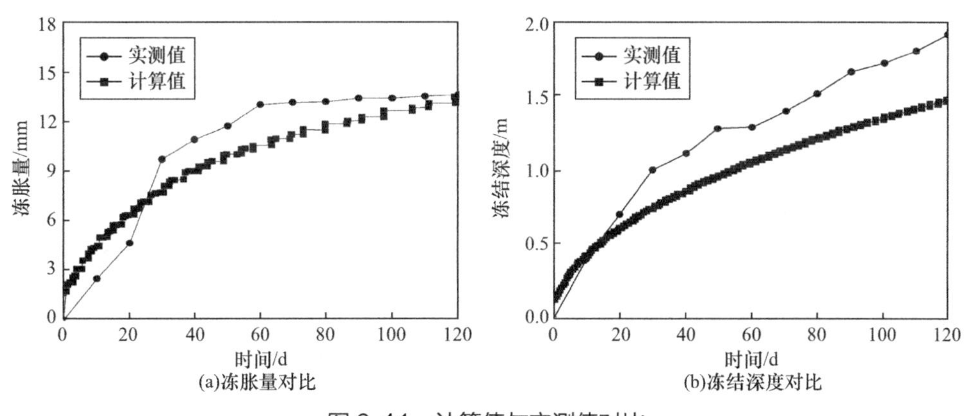

图 3-11　计算值与实测值对比

冻结深度由土中水分冻结成冰时的温度确定。假定地基土初始温度为 12℃，最大实测冻结深度为 1.9m 左右，而最大计算冻结深度为 1.49m 左右。

通过上述水热耦合模型计算，得出水分场空间分布随冻结时间发展的变化情况，如图 3-12 所示，这里的体积含水率是指液态水、气态水和冰等效成液态水的体积分数。计算得出的水分场空间分布规律与滕继东等对“水汽迁移成冰”的

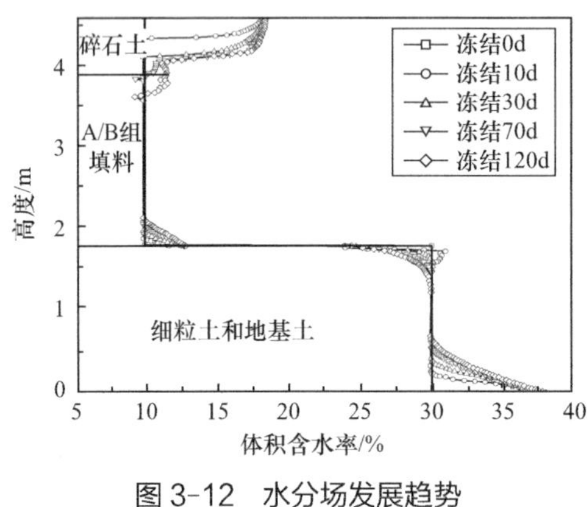

图3-12 水分场发展趋势

描述基本一致，具体为：在冻结期，覆盖层内土体温度低于霜点，液态水和气态水相变成冰（冻结和凝华），减小土中空气湿度和含水率，加剧水汽迁移，同时水汽以冰的形式储存于表层土体，造成覆盖层下总含水率（冰、水、气）大量增加。

可以看出，30d内水分场发展速度较快，30～120d水分场分布逐渐稳定。随着冻结时间的发展，模型顶部碎石土部分出现局部含水率峰值，水分逐渐增多至20%左右，这是由于模型顶部覆盖层为完全隔水状态，导致气态水无法蒸发并大量聚集到碎石土中。

3.4 冻土机场地基处理

3.4.1 设计难点和设计原则

1. 设计难点

冻土分为季节冻土和多年冻土。不同种类的冻土区，其面临的不良工程问题和设计难点也不相同。

（1）季节冻土

具有冻胀性，一般土颗粒愈粗，含水率愈小，土的冻胀和融沉性愈小；反之愈大。在季节冻深范围内，土质、冻前天然含水率、冻结期间地下水位至冻结面的最小距离以及平均冻胀率等指标，是决定季节冻土冻胀等级的依据，冻胀类别分为不冻胀、弱冻胀、冻胀和强冻胀。

（2）多年冻土

具有融沉性，冻土融化后承载力大大降低，压缩性变化较大，使地基产生融陷。影响冻土融沉性的因素有土的颗粒大小及总含水率，依据平均融化下沉系数的大小，融沉等级可分为不融沉、弱融沉、融沉、强融沉和融陷五级。

多年冻土年平均地温 T_{cp} 的高低，反映多年冻土的热稳定性。T_{cp} 越低则多年冻土抗热干扰能力越强，根据多年冻土的年平均地温不同，冻土地温带划分如下：

多年冻土的年平均地温 $T_{cp}<-2.0$℃为低温稳定冻土带；

多年冻土的年平均地温 $-2.0℃\leqslant T_{cp}<-1.0$℃为低温基本稳定带；

多年冻土的年平均地温 -1.0℃≤T_{cp}<-0.5℃为高温不稳定带；

多年冻土的年平均地温 T_{cp}≥-0.5℃为高温极不稳定带。

如勘察现场场地内多年冻土的年平均地温 T_{cp}≥-1.0℃为高温不稳定带，说明场地处于不稳定地带，设计时要采取必要措施，防止地基土因不均匀融沉，造成建筑物破坏。

2. 设计原则

（1）季节冻土

对于强冻胀性土，基础的埋置深度宜大于设计冻深 0.25m。对于不冻胀、弱冻胀和冻胀性地基土，基础埋置深度不宜小于设计冻深，对深季节冻土（冻深大于 2m），基础底面可埋置在设计冻深范围内，基底允许冻土层最大厚度应满足冻胀力作用下基础的稳定性验算要求，并结合当地经验确定。基槽开挖完成后底部不宜留有冻土层（包括开槽前已形成的和开槽后新冻结的）；当土质较均匀，且通过计算确认地基土融化以及压缩的下沉总值在允许范围之内，或当地有成熟经验时，可在基底下存留一定厚度的冻土层。基础的稳定性（受冻胀力作用时）应进行验算。

（2）多年冻土

除了考虑常规的地基变形，还应关注与温度密切相关的有效应力和温度分布。多年冻土的地基应根据上部建筑结构、施工条件和地基土性质，采用保持冻结状态的设计、逐渐融化状态的设计和预先融化状态的设计原则。

1）保持冻结状态的设计

多年冻土年平均地温低于 -1.0℃的地基，持力层范围内地基土处于坚硬冻结状态，最大融化范围内存在融沉、强融沉、融陷性土和夹层的冻土，建议采用保持冻结状态的设计原则。当采用保持冻结状态的设计原则时，基础形式和地基处理措施有架空通风基础、填土通风管基础、粗颗粒土垫高地基、热桩（棒）基础以及保温隔热地板等措施。

2）逐渐融化状态的设计

多年冻土年平均地温为 -1.0～-0.5℃的地基，持力层范围内地基土处于塑性冻结状态，在最大融沉深度范围内为不融沉和弱融沉土的地基，高温可以对冻土层产生热影响，可采用逐渐融化状态的设计原则。当采用逐渐融化状态的设计原则时，可采取措施减少地基的变形，具体有加大基础埋深或用低压缩土层为持力层；采用保温隔热地板，并架空热管道和给水排水系统；设置地面排水系统；采用架空通风基础，保护多年冻土环境的措施。

3）预先融化状态的设计

多年冻土年平均地温不低于 -0.5℃，持力层范围内地基土处于塑性冻结状态，最大融化深度范围内存在融沉、强融沉、融陷性土及其夹层的冻土地基，可采用预先融化状态的设计原则。当采用预先融化状态的设计原则时，可能产生不均匀变形，应对建筑物的结构采取措施，加强结构的整体性与空间刚度；建筑物的平面布置宜简单，可增设沉降缝，沉降缝处应布置双墙，设置基础梁、钢筋混凝土圈梁，纵横墙交接处应设置构造柱。应采用能适应不均匀沉降的柔性结构，采用粗颗粒土置换细颗粒土或预压加密和加大基础埋深的方法。

3.4.2 常用地基处理技术

1. 季节冻土地基处理技术

改变地基土冻胀性的措施包括：设置防止雨水、地表水、生产废水和生活废水浸入地基的排水设施；山区应设置截水沟或在建筑物周边设置暗沟，以排走地表水和潜水流，对低洼场地，加强排水并采用非冻胀性土填方。在基础外侧，可用非冻胀性土层或隔热材料保温，其厚度与宽度通过热工计算确定；可用强夯法消除土的冻胀性，用非冻胀性土或粗颗粒土建造人工地基，使地基的冻融循环仅发生在人工地基内。

（1）减小和消除切向冻胀力的措施

对在地下水位以上的基础，基础侧表面应回填不冻胀的中、粗砂，应对与冻胀性土接触的基础侧表面进行压平、抹光处理，可采用物理化学方法处理侧表面或与基础侧表面接触的土层，可做成正梯形的斜面基础，可采用底部带扩大部分的自锚式基础。

（2）减小和消除法向冻胀力的措施

基础在地下水位以上时，可采用换填法，用非冻胀性的粗颗粒土做垫层，但垫支的底面应在设计冻深处。在独立基础的基础梁下或桩基础承台下，除不冻胀类土和弱冻胀类土外，对其他冻胀类别的土层应在梁或承台下留有相当于该土层冻胀量的空隙，可取100～200mm，空隙中可填充松软的保温材料。

2. 多年冻土地基处理技术

在基础设施工程中，多采用片石通风路基、片石护道、通风管路基、铺设保温板和热管等来提高多年冻土路基稳定性。其主要原理包括两方面，一是增加了热阻，二是增加了散热。对于机场工程，同样可以从这两个方面入手。

（1）增加道基热阻

原理主要是增加基层、垫层和保温隔热材料的厚度，减少外界热量通过热传导进入多年冻土的热量，减小多年冻土的人为上限下移速度。对于保温隔热材料，工程中一般多选用聚苯乙烯硬质泡沫塑料板（EPS板）、挤压塑聚苯乙烯泡沫塑料（XPS板）和聚氨基甲酸乙酯硬质泡沫塑料（PU板）等。

（2）增加道基散热

遇到高温、高含冰量多年冻土，温度的微小波动都会导致冻土力学性质发生较大的变化，传统的跑道道基结构形式不再适用，必须采用主动冷却的方法进行地温控制，寒季易于冻结、暖季能减少热量向冻土层传递。主要有块石道基、通风管道基和安插热棒的道基。

3.5 工程案例

3.5.1 工程概况和地质条件

漠河古莲机场，位于中国黑龙江省大兴安岭地区漠河市古莲镇，东北距漠河市中心 9km，为 4C 级国内旅游支线机场，中国第一座建于长期冻土带的机场。截至 2023 年 1 月，漠河古莲机场航站楼面积 6300m^2，民航站坪设 8 个 C 类机位，跑道长 2800m，宽 45m。

漠河地区多年连续冻土区冻土层厚 20～80m，地表温度 -3.0～-0.5℃，地温梯度 1.6℃ /100m。

在季节冻深内，分布的土层为粉质黏土和黏土，粉质黏土属于强冻胀性土。在多年冻土层内，凝灰岩强风化层属于不融沉性土。漠河地区冻结状态地基承载力较高，融化后地基承载力较低。地下水主要为地表水，水量较小，分布在地表以下至多年冻土上限以上。地下水对混凝土无腐蚀，对钢结构有弱腐蚀。

3.5.2 存在的岩土问题

漠河机场航站区包括航站楼内的建筑物均落在多年冻土融沉性分区区域内，无法避开此区域。跑道延长区下的冻土深度达 8.5～15.5m，冻土会引起较大的跑道道面沉降变形。场区内地基土有融沉性土，在季节冻深内有冻胀性土；基础持力层为全风化凝灰岩，地基承载力特征值 $f_{ak}=140$kPa。

多年冻土区的机场在冬季气温低、冻土深度大的情况下，容易形成不透水层。

3.5.3 处理方案

图 3-13 为地基处理保温示意图，主要做了以下处理：

换填地基：为解决地基多年冻土较厚的问题，对机场跑道下不稳定的融沉性多年冻土进行完全挖除，并将其替换为不易冻胀的非融沉砂砾石料，在钢筋混凝土基础板上做保温隔热防水地面。

防水处理：在挖槽和基础施工过程中，采用单模土工布进行基坑底部和周围的防水措施，同时进行地下排水育沟和混凝土隔离层的铺设。

保温处理：在地面上增加一隔热层，铺 50mm 厚聚乙烯泡沫塑料板，使室内的热空气不能进入地下，破坏底部冻土的恒温环境，减少冻土融化带来的危害。

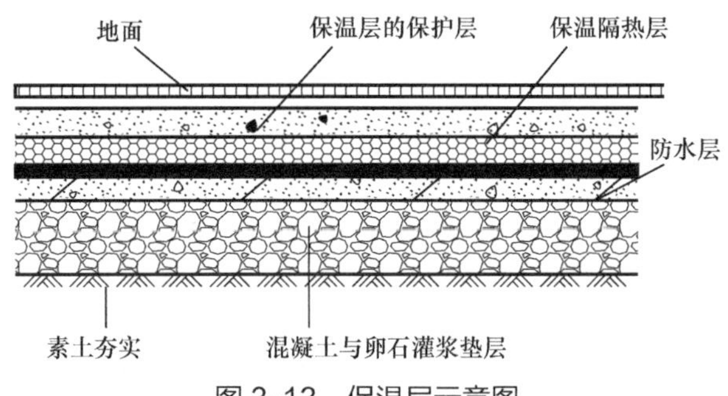

图 3-13　保温层示意图

建筑物基础处理：对漠河机场航管综合楼工程的基础采用现浇钢筋混凝土独立基础形式，基础埋深为 4.0m。基础垫层下部回填 300mm 厚的砾砂，并进行夯实，夯实系数为 0.97。墙体下方布置了现浇钢筋混凝土基础梁，并在基础梁底部预留了一定空隙。侧面进行了挡土处理。基础和基础梁表面进行光滑处理，涂抹 15mm 厚的渣油。在季节冻土层范围内，基础、基础梁和墙体两侧进行防止冻胀的处理。室外地坪下方回填 300mm 厚的砾砂，并进行夯实，夯实系数为 0.94。

第4章 软 土

软土是天然孔隙比大于或等于1.0，天然含水率大于液限，具有高压缩性、低强度、高灵敏度、低透水性和高流变性的细粒土，包括淤泥、淤泥质土、泥炭和泥炭质土等，某些冲填、吹填的细粒土其性质与淤泥相似，也属软土或软弱土的范畴。

在我国沿海和内陆江河流域的冲积平原广泛分布着软土，资料统计，淤泥质土的天然含水率可达50%，天然孔隙比约为1.25；淤泥的天然含水率可达75%，天然孔隙比约为1.8。我国很多机场就建立在这些软土地基上，如天津滨海国际机场、上海浦东机场、浙江温州机场、宁波机场、杭州萧山机场、福建长乐机场、厦门高崎机场、深圳宝安国际机场、珠海机场、香港机场和澳门机场等。

对于软土地基上修建的机场工程，确定机场飞行区的允许沉降控制标准，并提出高效经济的地基处理方法，是保证机场工程安全及使用寿命的关键。但机场工程软土地基与建筑工程有较大区别，其特点为面积大、厚度深，当涉及大面积地基处理时，在现有技术条件下将地基的沉降量控制在较小的范围内比较困难。故在满足机场运行安全的前提下，目前普遍做法是允许地基发生一定的工后沉降，同时采用增强地表一定范围内土层强度和刚度的浅层地基处理方法，使地基与上部结构协调变形，从而有效控制不均匀沉降。这种思路已成功解决了杭州萧山机场、济南遥墙机场和上海浦东机场等软土地基的沉降问题。

4.1 软土的形成与特性

4.1.1 软土的成因及条件

软土按沉积环境分类主要有下列几种类型：

1. 滨海沉积

滨海相：海浪岸流及潮汐的水动力作用形成较粗的颗粒相互掺杂，使其不均匀且极松软，增强了淤泥的透水性能，易于压缩固结。

潟湖相：在潟湖边缘，表层常有厚约0.3～2.0m的泥炭堆积，底部含有贝壳和生物残骸碎屑。

溺谷相：分布范围略窄，在其边缘表层也常有泥炭沉积。

三角洲相：由于河流及海潮的交替作用，使淤泥与薄层砂交错沉积，如上海地区深厚的软土层中有很多极薄的粉砂层，为水平渗流提供了良好条件。

2. 湖泊沉积

近代淡水盆地和咸水盆地的沉积，呈现明显的层理。淤泥结构松软，呈暗灰、灰绿或暗黑色，厚度一般为10m左右，最厚者可达25m。

3. 河滩沉积

主要包括河漫滩相和牛轭湖相，成层情况较为复杂，成分不均一，走向和厚度变化大，其厚度一般小于10m。

4. 沼泽沉积

分布在地下水、地表水排泄不畅的低洼地带，多以泥炭为主。

不同沉积类型的软土，其物理性质指标可能较相似，但工程性质并不相同，不应借用，软土的力学性质参数宜尽可能通过现场原位测试取得。

4.1.2　软土的工程性质

1. 高压缩性

软土的天然孔隙比较大决定了压缩性必然较高。软土压缩变形大部分发生在法向压力0.1MPa左右，故工程中常用压缩系数$a_{1\text{-}2}$来计算变形。

2. 低透水性

软土透水性很低，渗透系数一般在10^{-8}～10^{-6}cm/s之间，垂直方向的渗透系数通常比水平方向小一些，这就意味着土体完成固结沉降所需的时间较长，这对施工工期影响较大。同时，在加载初期，由于超静孔隙水压力难以短时间消散，常造成有效应力的降低，故设计时常采用不排水指标。

3. 流变性

软土在长期荷载作用下，除主固结变形外，还会发生缓慢的次固结变形，即流变。一般流变速度很小，每年只移动几厘米，但持续时间长，有时可持续数十年。大量观测结果证明次固结的本质为土骨架蠕动变形，次固结变形通常用次固结系数描述，是影响软基工后沉降的重要参数。对于长期荷载作用下高压缩性软土层，需测定次固结系数。

4. 低强度

淤泥质土快剪黏聚力在12kPa左右，淤泥快剪黏聚力在9kPa左右。土体抵抗剪切变形能力较差，在施工中经常遇到路堤填到一定高度出现滑塌，从而造成路堤失稳的情况。

5. 触变性

触变现象分为三类：正触变性现象，剪切后强度降低，静置后恢复；负触变性现象，剪切后强度增加，静止后降低；复合触变性现象，正负触变性先后存在。工程中通常用灵敏度来表征土体的触变性，灵敏度是指原土的强度与扰动后土体强度的比值，软黏土呈正触变性，属于高灵敏度土，其值一般在 3～4 之间，最大可达 8～9。

4.2 软土理论进展

动荷载作用下，软土结构性易受损伤，强度常发生衰减，严重的可引发灾难性后果。本节对软土受扰动后强度变化规律及变化机理作介绍。此外，针对软土地基沉降计算方法作说明。

4.2.1 软土强度衰减规律

郑刚等通过动态三轴仪，对饱和粉质黏土受扰动后的强度变化规律做了研究，发现了扰动后土体强度与动后轴向塑性应变间的关系。试验过程如图 4-1 所示，原状土首先在一定围压下固结，固结完成后施加静偏应力，并在此基础上施加振动荷载，此阶段为不排水阶段，振动过程中，土体将产生动应变和动孔压。振动结束后，取动应力平衡位置的竖向应变为振后竖向塑性应变 $\varepsilon_{d,1}$，迅速将主应力差降为零，并进行不排水剪切得到振后不排水抗剪强度。

图 4-2 为振后不排水抗剪强度随振后竖向塑性应变的变化，可以看出存在临界竖向塑性应变 3%，当竖向塑性应变小于 3% 时，静强度衰减较小，保持在 10% 以内；当大于 3% 时，静强度随轴向动应变的增加不断降低，并在塑性应变约 10% 左右时振后静强度降到 50%，之后随动应变的增加稳定在 50% 左右。

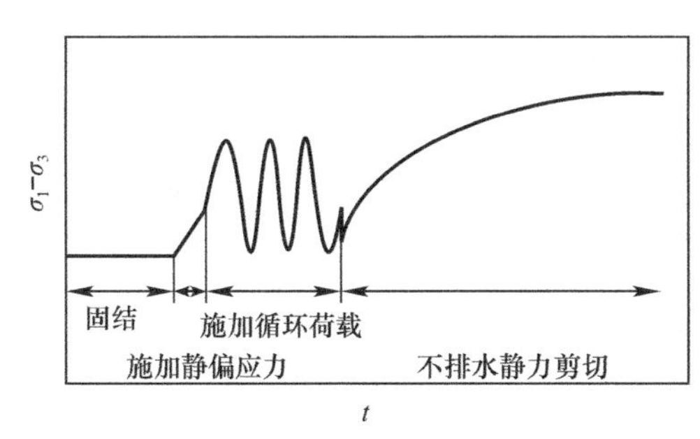

图 4-1　振后强度衰减试验过程

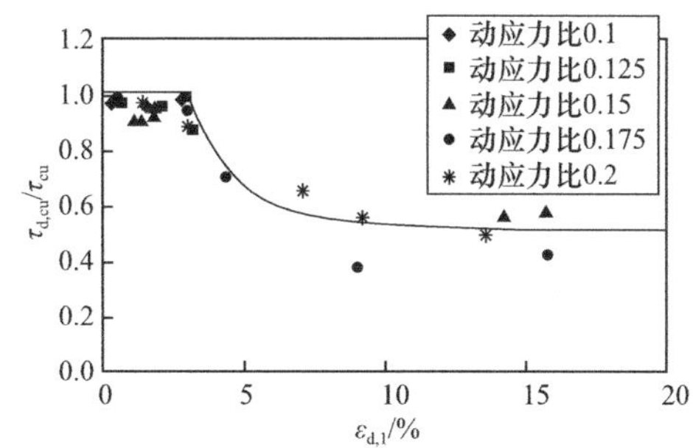

图 4-2　振后不排水抗剪强度随振后竖向应变的变化曲线

根据经典的莫尔-库仑理论，土体强度由黏聚力、内摩擦角及有效围压决定。其中黏聚力主要来源于土颗粒间的胶结作用，这种化学胶结力由土体沉淀固结过程中形成的碳硅氧化物及有机物提供，振动过程中，胶结材料遭到不同程度的扰动，造成胶结力的变化；同时，由于受到外荷载作用，土体内部会造成应力集中，不规则颗粒的局部边角部分很容易发生接触而破碎、折断，破碎的过程亦是颗粒重新排列的过程，土颗粒间再次组合使得空间结构发生变化，土的摩擦角也会发生变化，最终造成土体强度发生变化。依据试验结果，建立了振后不排水抗剪强度比与振后竖向应变的公式，如下：

$$\frac{\tau_{\mathrm{d,cu}}}{\tau_{\mathrm{cu}}}=\begin{cases}1 & \varepsilon_{\mathrm{d,1}}\leqslant 3\% \\ 1-\dfrac{\varepsilon_{\mathrm{d,1}}-3\%}{a+b(\varepsilon_{\mathrm{d,1}}-3\%)} & \varepsilon_{\mathrm{d,1}}>3\%\end{cases} \tag{4-1}$$

式中，a 和 b 的取值与所研究土性有关系，可通过试验获得。

4.2.2 软土触变性

触变性是分散体系流变学研究的重要内容，指的是体系在搅动或其他机械作用下，黏度或切力随时间变化的现象。

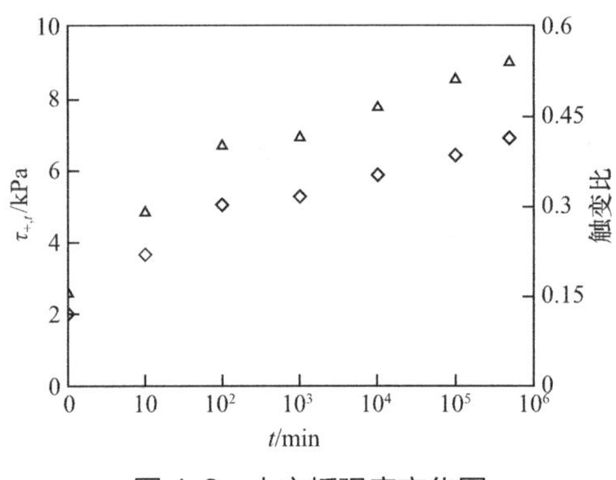

图 4-3 十字板强度变化图

软黏土具有明显的流变特性，霍海峰等对不同静置时间后天津滨海黏土十字板剪切强度进行统计。如图 4-3 所示，左纵轴为静置相应时间后土体强度 $\tau_{+,t}$，右纵轴为触变比，即静置后强度 $\tau_{+,t}$ 与原状土强度 τ_{+} 之比。根据试验结果，原状土的十字板剪切强度为 12.5kPa，剪切破坏后扰动土样残余强度为 2kPa，灵敏度达到 6.3，属于高灵敏度黏土。

扰动后黏土强度变化呈正触变性。在静置 100min 的时间内，强度增长较快，由 2kPa 增长到 5kPa，静置 10d 后剪切强度为 5.8kPa，1a 后强度为 6.8kPa。可以看出，强度增长（约 3kPa）主要集中在前 100min 内；之后 1a 的增长值为 1.8kPa，强度增长速率远小于前期。静置 100min 到静置 1a，黏土触变比由 0.4 增加到 0.544，若此速率不发生变化，至少继续静置 3a 时间，才能恢复到未扰动时的强度。

长期的风化固结作用，形成了天津黏土颗粒细小，呈薄片状、棒状和管状的滨海相矿物，其表面带有电荷，如图 4-4 所示。单个土颗粒受到电荷吸引形成絮凝体，当絮凝体持续增大，电荷间引力将难以克服自重继续扩大规模，于是发生沉淀。沉淀过程中，絮凝体间通过胶结物质形成二级甚至更高级的蜂窝絮凝体。如此，构成了黏土独特的凝絮状空间结构，其间充斥着各种力的作用，如静电力、分子力和渗透力等。

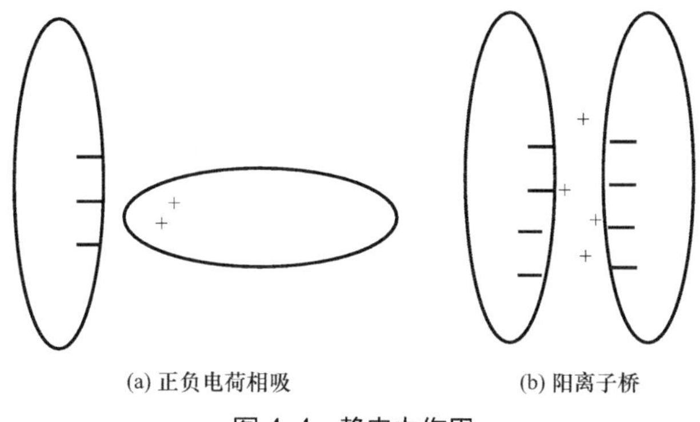

图 4-4 静电力作用

静电力即库仑力，带同性电荷的粒子相互排斥，带异性电荷的粒子相互吸引。黏土颗粒本身的静电力主要有两种形式，如图 4-4 中的正负电荷相吸与“阳离子桥”形式。

分子力的本质还是静电力，只有当颗粒间距小于 10^{-8}m 时，分子力才起作用，且键力很小，与距离的六次方成反比。图 4-5 为分子力作用示意图（图中，r 为分子间距离，r_0 为分子力为 0 时的距离），横轴为分子力间距，虚线为分子间作用力，实线为分子间势能。由于两分子间同时存在斥力和引力，分子间作用力为二者的合力。存在平衡位置 r_0，当 $r=r_0$ 时，引力与斥力相等，合力为 0；$r<r_0$ 时，引力与斥力同时增大，斥力增长幅度较大，故合力表现为斥力；当 $r>r_0$ 时，引力与斥力同时减小，斥力减小幅度较大，故合力表现为引力；当 $r>10^{-8}$m 时，分子力可忽略。从能量角度考虑，当 $r=r_0$ 时，系统势能是最小的（负值）；分子间距离减小，势能不断增大，并有可能为正值；分子间距增大，势能亦增大，达到 10^{-8}m 时，势能为 0。

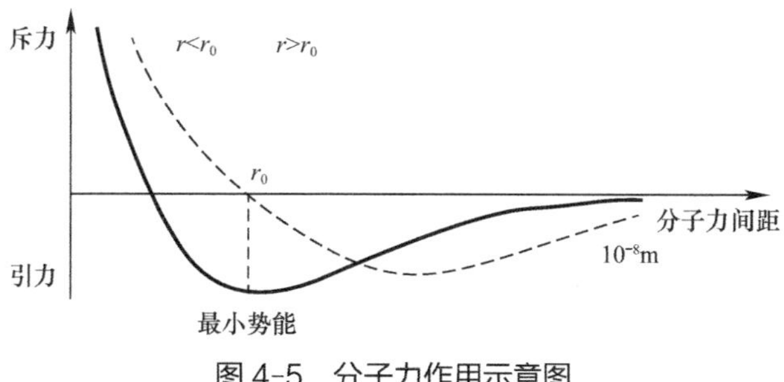

图 4-5 分子力作用示意图

自然变化的趋势总是使能量降低，这是由于低能量状态比较稳定，即能量最低原理。黏土作为能量耗散体系，剪切时外界输入的能量一部分使颗粒做微小调整、摩擦而耗散，一部分转移为热能使颗粒热运动加剧。静置一段时间后，能量耗散，颗粒再次靠拢，直至达到新的平衡。当然，这种移动常常不是发生在矿物晶面上，更多是在团粒间。若将颗粒间各力的综合作用作为“总力”，其应为颗粒间距离的函数，可表现为总引力或总斥力。与图4-5分子力类似，总力亦存在一个平衡点。此时，颗粒间总力为0，势能最小。当颗粒相互分离或靠拢，势能均会增大。若要打破此平衡，则需要外力做功。需要指出的是，总力的大小和作用范围远高出分子力范畴。

现对剪切破裂面及两侧土体分别进行分析。首先，针对剪切面，土体团粒结构被打破，颗粒间距增大，形成较多土颗粒单体和粒组。由于热运动的原因，这些单体、粒组在溶液中不断地漂移，处于游离状态。当偶然游离到总力作用范围内时，在总引力作用下，两土颗粒相互靠拢。随着距离的减小，势能不断减小；当达到平衡位置时，引力等于斥力，势能最小。

而对于剪切面两侧的土颗粒，外力作用下土颗粒相互靠拢，总力表现为斥力，势能较平衡位置将增大，处于不稳定状态。静置后，颗粒在总斥力作用下不断分离。当达到平衡位置时，势能最小，处于稳定状态。值得说明的是，不论土颗粒在斥力作用下还是在引力作用下向平衡位置发展，均为放热过程。

静置初期，一方面土颗粒热运动剧烈，增加了颗粒达到平衡状态的概率；另一方面，土中水在超孔压作用下沿裂隙迅速排出，使得强度快速增长。之后，土粒热运动减弱，且孔压下降导致排水速率降低，宏观则表现为强度增长幅度放缓，这也就解释了为何土体在静置100min后强度增长缓慢。

4.2.3 软土的沉降计算

机场工程中软土地基的沉降计算与建筑地基类似，依据沉降发生的时间，可将软土沉降划分为三个阶段，即瞬时沉降、主固结沉降和次固结沉降。其中，瞬时沉降是荷载作用施加的瞬间产生的变形，其产生机理是由于上部荷载加载引起边缘处的应力集中，进而引发剪应变，造成瞬时变形；固结沉降的产生是随着土体中孔隙水压力消散，有效应力逐渐增加，进而发生压缩变形；次固结沉降主要是由于土体的蠕变产生的变形量，其值相对较小，且变形所需时间较长。

可将三者关系表述如下：

$$S = S_d + S_c + S_s \tag{4-2}$$

式中：S_d——初始沉降，也可称为瞬时沉降（mm）；

S_c——主固结沉降，也可称为固结沉降（mm）；

S_s——蠕变沉降，也可称为次固结沉降（mm）。

瞬时沉降可基于弹性理论的体应变原理进行求解；固结沉降可利用固结理论，并采用分层总和法进行求解；次固结沉降可基于蠕变试验参数，采用分层总和法进行求解。

1. 瞬时沉降计算

瞬时沉降的理论基础是弹性理论，其假设条件是将软土看作半无限的线变形体，其求解过程与多个因素相关，计算公式如下：

$$S_d = \frac{p_0 b w (1-\mu^2)}{E} \tag{4-3}$$

式中：S_d——瞬时沉降（mm）

p_0——计算层面上的均布荷载（kPa）；

b——荷载的宽度或直径（m）；

μ——土体的泊松比；

E——土体的变形模量，可由压缩模量进行折算（MPa）；

w——影响系数，由荷载位置及形状等确定。

2. 固结沉降

分层总和法是一种常用的理论计算方法，其求解过程是将土体看作竖向变形体，将外荷载引起的变形限定于压缩层范围内，并将压缩层划分为若干层，对各分层变形量进行求解。最后，将所有分层的变形量累计即为总沉降量。该方法的计算公式可表示为：

$$S_c = \sum_{i=1}^{n} \frac{\sigma_{zi}}{E_{si}} h_i \tag{4-4}$$

式中：S_c——固结沉降（mm）；

σ_{zi}——第 i 层土的平均附加应力（kPa）；

E_{si}——第 i 层土的压缩模量（MPa）；

h_i——第 i 层土的厚度（m）；

n——分层数。

3. 次固结沉降

次固结沉降的计算可根据主固结完成后的时间-压缩曲线进行求解，计算公式如下：

$$S_s = \sum_{i=1}^{n} \frac{C_{ai}}{1+e_{0i}} \lg\left(\frac{t_2}{t_1}\right) h_i \tag{4-5}$$

式中：S_s——次固结沉降（mm）

C_{ai}——第 i 层土的次固结系数，可根据时间-压缩曲线求解，也可根据天然含水率进行求解；

t_1——主固结完成时的时间（d）；

t_2——次固结完成时的时间（d）。

次固结沉降的蠕变特性很大程度上受土体中黏粒含量的影响，即黏粒含量越多，蠕变特征越明显，次固结沉降量越大，所需的固结时间也越长；同时，土体含水率、孔隙水的性质都对蠕变特性具有一定的影响，具体表现为：土体的含水率与蠕变特性呈正比关系，孔隙水的黏性与蠕变特性也呈正比关系。因此，在软土填筑过程中应充分考虑填料黏粒的含量、含水率的控制等因素。

4.3　软土机场地基处理

软土地基处理的目的：提高土体的抗剪强度和地基承载力；改善土体的压缩特性，减小沉降和不均匀沉降；改善其透水性，消除其他不利因素的影响。

4.3.1　传统处理措施

软弱土地基的处理方法有换填垫层法、强夯法、振冲法、预压加固法、电渗排水法、化学加固法等，下面分别介绍这些方法。

1. 换填垫层法

将基础底面下一定深度的软土挖去，回填砂、碎石、素土或灰土等材料，并加以夯实振密。此法适用于淤泥、淤泥质土、素填土、杂填土地基及暗沟、暗塘等浅层地基处理。垫层的设计要在满足强度和变形两方面的要求下，确定合理的垫层厚度和宽度。主要表现在以下三个方面：（1）提高地基承载力；（2）减少地基的沉降量；（3）加速固结。

换填垫层法发展至今出现了很多新型的填料，如土工布、土工膜、土工格栅和柔性排水管等。其中，现浇泡沫轻质土是用发泡剂水溶液制备成泡沫，与胶体、粗细集料和外加剂等比例混合搅拌，并经物理化学作用硬化形成的一种轻质材料，重度远小于土体，强度可达 1～3MPa，弹性模量可达 300～500MPa。

2. 强夯法

用特制的夯锤从高处自由落下对地基进行强力夯击，达到深层加固的效果，其影响深度可达 20m 以上。巨大的冲击能在土体中产生强大的冲击波，引起土体的振密，从而提高地基土的强度并降低其压缩性。据统计，经强夯法处理的地基，承载力可提高 100%～400%，压缩性降低 50%～90%。一般用于处理松散的素（杂）填土、砂土、低饱和度的粉土、黏土、湿陷性黄土、膨胀土和块（碎）石土等地基。

经过多年的发展，目前世界上最大的强夯锤，质量为 100t，最大强夯能量可达到 30000kN·m。需要说明的是，低能量快速夯实配合强夯法可实现软土地基的有效加固，如多边形碾以及高速液压夯实等。

3. 振冲法

振冲法分为振冲密实和振冲置换，前者利用振冲器边振动边水冲，使松砂地基密实，后者在黏性土中成孔，填入粗粒土后形成复合地基。

共振密实法适用于处理可液化地基，其原理是调整振动器的频率来达到土-振动杆系统的共振，使土颗粒重新排序来实现土体的密实。该方法无需用砂石骨料置换部分地基土体，施工简单方便、加固效果显著，可替代碎石桩法或强夯法。

4. 预压加固法

修建建筑物前，利用堆载或真空预压使地基固结到一定程度，卸除预压荷载再修建建筑物，这样可消除或大大减小建筑物建成后的沉降，同时也可提高地基承载力。该法适用于淤泥质土、淤泥和冲填土等饱和黏性土地基，但预压固结常遇到的问题是排水中后期排水板淤堵，排水量急剧下降，造成固结时间增大。

5. 电渗排水法

该方法通过在插入软土中的阴、阳电极上，施加低压直流电来加速土体排水固结。电渗排水法一直发展缓慢，其主要制约因素是，传统电渗法采用的电极为铁、铝和铜等金属材料，由于电渗过程中电极的化学腐蚀非常严重，致使电渗效率大大降低，电能消耗增大。为了克服该缺点，英国学者在 20 世纪末提出采用电动土工合成材料（EKG）作为电渗电极的方法，我国近些年也研制出具有电渗排水功能的塑料排水板，并将其应用于实践中，因为在电渗过程中不会产生电化学腐蚀，因此可以大大降低电能的消耗。

6. 化学加固法

通过高压喷射、机械搅拌等方法，将各种化学浆液注入土中，浆液与土粒胶结硬化后，形成含化学浆液的加固体，从而改善地基土的物理力学性质。化学浆液分化学类和水泥类两大系列。化学类浆液大部分对环境有污染，且成本较高，工程中较少采用。水泥类浆液加固地基较为常见，施工方法有深层搅拌法和高压喷射注浆法。

此外，针对水泥加固软土的新技术主要在施工设备上做了很多改进，如多轴搅拌机、变截面双向旋转水泥土搅拌桩以及 TRD 工法设备等。

4.3.2　软土地基处理技术进展

针对传统真空预压法存在耗能大、排水板淤堵和处理周期长等问题，雷华阳研究了注气增压式真空预压法、交替式真空预压法和化学-真空预压联合法技术，实现软土地基的高效、节能和安全固结。

1. 注气增压式真空预压法

其原理为在排水板之间打设增压管路，每间隔固定时间从增压管通入稳定气流，增大土体与排水板的压力差。增压管工作时，加大了排水板内与土体间的压力差，自由水在压力作用下产生定向流动，进而加快土体固结。

增压式真空预压法的原理如图 4-6 所示。在按照常规真空预压方法施工流程打设预制排水板之后，增压式方法会继续在相邻两块排水板之间打设增压管路。真空负压源持续提供真空负向荷载，同时间断打开注气增压管路的控制阀门。当注气增压管路的阀门打开时，由于气体进入排水板与被处理土体内部，会瞬间导致排水板内部原有真空负压荷载下降，此后正向真空压力值继续沿着排水板周围扩散传播，进而导致排水板附近的土体内部真空负压荷载值降低。

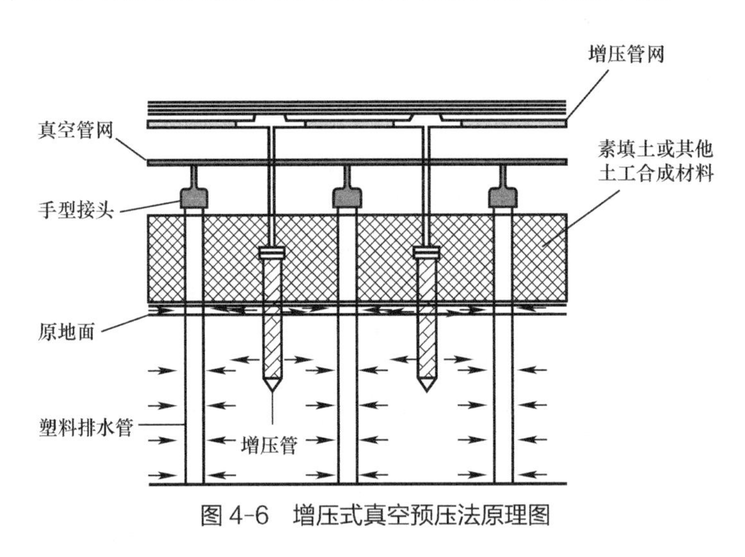

图 4-6　增压式真空预压法原理图

与此同时，相对于距离排水板较近位置处的土体，远处土体由于正向真空荷载传递存在时间滞后性，造成其内部真空负压未能瞬间消散，因而具有高于排水板内部的真空负压荷载值。由于此时远距离位置处土体与排水板之间的压力差作用，土体颗粒和自由水向排水板反方向运移；当注气增压管路阀门被关闭的瞬间，排水板内部的真空负压荷载值又会瞬间上升，大于淤堵泥层外部土体的真空负压荷载，排水板内部与排水板周围淤泥层外侧土体之间的压力差再一次产生，不同于注气增压系统阀门打开时的状态，此时的土体颗粒和自由水会朝着排水板的方向运动；如此循环往复，聚积在排水板周围的较细密颗粒土层在压力差的作用下得到破碎。需要注意的是，注气增压方法在实施过程中，不应长时间打开注气增压管路的阀门，以避免过高正向压力荷载的进入。

注气增压式真空预压技术，延缓了排水板周围淤堵泥层的形成，一定程度上提高了加固效果。但根据现场施工经验，增压式真空预压仍然会遇到后期淤堵的问题，成本增加的前提下，总体固结效果提高有限。

2. 交替式真空预压法

采用长短排水板间隔布置，并将长排水板与短排水板间歇分别施加真空荷载，利用长短板间歇施加真空压力，形成土颗粒往复运移，预防淤堵泥层的形成和加剧。

在真空预压法固结软土的过程中，排水板附近的淤堵泥层是由于细颗粒在运移过程中短时间内集聚而形成，设计交替式真空预压法室内试验，在真空预压前期插设排水板中采用长短排水板间隔布置，并将长排水板与短排水板间歇分别施加真空荷载，且利用此规律预防淤堵泥层的形成和加剧。交替式真空预压法设计示意图如图 4-7 所示，两条真空管线可控制水压差的方向，从而控制水分的迁移方向。

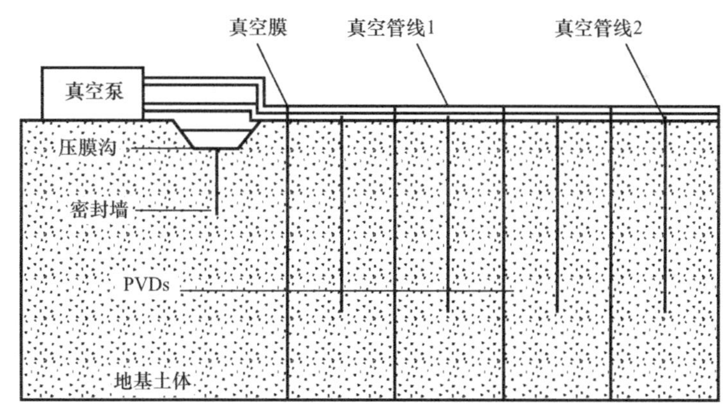

图 4-7 交替式真空预压法设计示意图

交替式排水技术改变了土体内部颗粒的定向迁移，避免了由于排水板淤堵而导致排水量急剧下降的问题，排水量随时间发展稳定，可解决真空预压过程中排水板淤堵问题。相比于常规真空预压法，最终排水量显著增加，提高了超软土地基的真空预压加固处理效果。且该方法不会增加较多成本，技术推广价值相对较高。

3. 化学-真空预压联合加固法

利用化学固化剂法和真空预压法各自的优点，提前将化学试剂（氢氧化钠等）与土体搅拌，两者将发生一系列物理化学反应，可增大土体内部孔隙，改善原有土体的渗透性，相同压力差下加速土体固结。

通过添加化学外掺剂的方法，减缓真空预压过程中排水路径堵塞、淤堵泥层的形成等现象，使真空预压试验过程中的排水效率得到大幅度提升。将化学固化剂按照指定剂量通过一定的方法掺加到土体中。之后，土体与固化剂发生一系列的物理化学反应，有效改善并提高软土力学与工程特性。

化学固化剂法相较于真空预压处理方法，在技术处理方面具有重要意义，该方法处理的土体强度显著提高，并且力学性能更加稳定，可以有效地提高软土地基的处理效果。但是，在实际施工和应用中，化学固化剂法也面临着一系列难点，例如固化土强度形成较慢，固化剂用量大导致施工成本增加，并且对环境有一定污染等。

4.3.3 机场软土地基设计原则

软弱土地基设计应进行沉降计算，工后沉降和工后差异沉降应满足规范规定。开挖、填筑和堆载等涉及稳定问题，应进行稳定性验算，若验算不通过应进行地基处理。单一地基处理方法无法满足沉降与稳定性要求时，应采用多种处理方法组合使用，并注意不同处理方法区段间的过渡。地基处理中需进行相应的沉降监测，必要时进行稳定性监测。

通常，当软土层厚度小于4m时，宜采用天然地基堆载预压处理；当厚度超过4m时，可采用塑料排水带或砂井等加速固结。竖井排水预压处理泥炭土、有机质土和其他次固结变形大的土时，应考虑流变作用。对有多层砂土夹层的软土，其本身具有良好的透水性而不必设置竖井。

固结系数是预压工程地基变形计算的主要参数，可根据前期荷载推算的固结系数预计后期荷载地基变形，并根据实测值进行系数修正。诸多围海造陆工程经验表明，在对超软土地基进行固结计算时，按照理论计算固结度达到90%的时间，实际地基的固结度仅达到50%，实际沉降量远大于理论计算值，其强度远小于预测值。

飞行区存在软弱土时，应根据软弱土特性、分布范围、埋藏深度与厚度、土层排水条件以及场地环境因素，结合当地软弱土地基处理经验，因地制宜地确定地基处理方案。表4-1汇总了国内机场软土地基处理方法。

软土地基处理分析评价 表 4-1

处理方法	技术特点		国内机场应用经验	适宜性
	优点	缺点		
换填法	① 工艺、设备简单，便于操作，施工速度快； ② 适用于各种地基浅层处理； ③ 场地适应性好，技术可靠； ④ 质量可控	① 产生大量的弃方与借方； ② 换填深度不宜超过 3m； ③ 地下水位较高时对填料要求高	不停航施工区和有地下管线等建（构）筑物影响的区域	适合大面积的浅薄软基处理；适合不停航施工区及有地下管线等建（构）筑物影响的区域地基浅层处理
强夯法	① 设备简单、施工方便、施工期短、施工费用低； ② 可通过调整夯击能量来处理不同的深度； ③ 适用土类广，处理效果好	软黏土地基含水率较高时，处理效果不显著	① 浦东机场一、二跑道； ② 禄口机场一跑道； ③ 萧山机场； ④ 长乐机场； ⑤ 崇明机场	不适合大面积地基深层处理
堆载预压法	① 不需要特殊材料； ② 工序少、设备简单，便于操作； ③ 堆载预压、道面荷载对土基作用状态一致； ④ 处理效果好	① 需预压土方； ② 对于深层地基处理时间长	浦东机场二、四跑道	适用于软土地区处理，工期要求较低
插排水板堆载预压法	① 工序少、设备简单，便于操作； ② 堆载预压对土基作用状态与道面荷载对土基作用状态一致； ③ 处理时间可控（6 个月～2 年）； ④ 处理效果好	① 需预压土方； ② 需插塑料排水板	① 浦东机场二跑道； ② 浦东机场二跑道东侧穿越滑行道； ③ 深圳机场停机坪； ④ 宁波机场	适合大面积地基深层处理
真空预压法	① 不需预压土方； ② 处理时间可控（约 3～4 个月）； ③ 处理效果好	① 需塑料排水板、密封膜、密封墙、砂砾透水层、真空管路、真空设备； ② 工序繁多、工艺复杂、真空设备需连续运转； ③ 关键是保证真空度，可靠性比堆载预压差； ④ 需设置密封墙，人为造成地基不均匀	① 浦东机场三跑道； ② 南宁机场； ③ 济南机场	不适合大面积的软基处理

续表

处理方法	技术特点		国内机场应用经验	适宜性
	优点	缺点		
水泥土搅拌法	① 搅拌时无振动、无噪声和无污染； ② 可灵活地采用柱状、壁状、格栅状和块状等加固形式； ③ 施工速度快； ④ 处理效果好	① 需要大量水泥； ② 限制条件多，场地适应性差； ③ 施工变异性大，质量不易控制； ④ 深度一般可达 15m，增加搅拌深度时，施工难度大，造价较高，施工速度慢	① 天津机场邮航停机坪； ② 禄口机场邮航集散中心	可用于边坡区局部较厚的软土处理
砂石桩法	① 工艺简单； ② 施工速度快	① 需要大量外进碎石、砾石； ② 处理饱和软黏土地基,不进行预压时效果差； ③ 需试验验证场地适用性； ④ 施工变异性大，质量不易控制	昆明长水国际机场	材料外购较为便捷，工期较短
注浆固结法	① 施工设备简单； ② 规模小、耗资少； ③ 占地面积小、施工灵活方便； ④ 工期短，见效快； ⑤ 施工噪声和振动小； ⑥ 加固深度可控	① 需配备专门的注浆设备； ② 施工质量不可控		工期较短、工程规模较小的范围修整
深井降水法	① 有效提高深层排水速度； ② 深层软土沉降量增长较快	渗透性较差的地基处理效果不理想	浦东机场一期地基处理试验段	

4.4 工程案例

4.4.1 工程概况和地质条件

上海浦东国际机场地处长江三角洲冲积平原前缘，属长江河口—滨海沙嘴相地貌类型，为数百年新淤积而成的新海滨平原，占地面积 40km^2，正在运营的跑道有 4 条，新建完成 1 条，为中国三大国际枢纽机场之一，是中国目前最大的货运机场。

浦东国际机场于1999年9月正式开始启用，一期工程设计目标年为2005年，建有1条4000m长、60m宽的跑道，2条平行滑行道，28万m^2的T1航站楼。2003年启动了第2跑道项目，并于2005年3月投入运行。

2005年，浦东机场二期扩建工程启动，主要建设项目包括T2航站楼，3条跑道、西货运区、南进场路以及各项配套设施。浦东国际机场二期扩建工程以2015年为目标年，二期扩建项目于2008年3月26日投产。

经过两期大规模扩建，浦东机场已经拥有T1和T2两座航站楼，3条跑道，东、西货运区以及相应的配套设施，机场已具备一定规模。

根据机场总体规划和建设计划，第4跑道部分区域于2005年实施了堆载预压，并于2015年正式投运，第5跑道于2018年正式投运，为商飞集团大型客机试飞跑道。

上海地区为深厚的软土层地基，覆盖层厚度在浦东国际机场区域内约280m。拟建场地深度65m范围内的地基土主要由黏性土、粉性土和砂土组成，属全新世Q_4至上更新世Q_3时期以来的河口、滨海、浅海、沼泽、溺谷相沉积层，一般具水平向层理。

拟建场地基岩埋藏深度在280m左右，基岩以上土层主要由黏性土、粉土和砂土组成。根据拟建场地的地层条件，本场地属稳定场地，适宜建设。

（1）地表层组（土层深度约0～5m）

地表层组为全新世第四纪Q_4^3沉积物，受人类活动和沉积环境影响，土层组成复杂，土性变化较大。

（2）浅部层组（土层深度约2～10m）

浅部层组为全新世第四纪Q_4^2～Q_4^3沉积物，受沉积环境影响，土层土性变化较大。

浅部层组受沉积环境影响，黏性土和粉性土呈层状交叉分布，土质不均匀，宜进行适当的地基处理，以改善土质的均匀性并提高地基土强度。浅部层组地基土对地基处理有利因素是该层组中粉性土层总厚度约占整个层组的57%，且该层组中的粉性土呈松散—稍密状态，透水性尚好，在荷载作用下有利于地基土层的排水固结，从而使浅部层组地基土强度大幅度提高，达到浅层加固的目的。

（3）中部层组（土层深度：正常区域10～35m；古河道区域10～60m）

中部层组为全新世第四纪Q_4^1～Q_4^2沉积物，以饱和软黏性土为主，成因类型为滨海—浅海、滨海—沼泽相沉积。

中部层组在长期荷载作用下是产生压缩沉降的主要土层；同时，由于古河道区域土性变化较大，会产生不均匀沉降。

该层组以软弱黏性土为主，其固结变形有如下特征：

① 因黏性土渗透性低，其固结时间长；

② 除主固结变形外，因黏性土在长期荷载作用下有蠕变特性，还将发生次固结变形，且对拟建（构）筑物而言，次固结变形所产生的沉降量不可忽略；

③ 该层组灵敏度较高，结构受扰动后，其强度恢复较为缓慢；

④ 该层组埋深较大，厚度亦大，现有地基处理方法处理深度有限，因此不可能完全消除其下卧层变形；

⑤“古河道”分布区域该层组厚度较正常区域为大，因而“古河道”区域该层组所产生的固结变形较正常区域为大。

（4）深部层组（土层深度：正常区域35m以下；古河道区域60m以下）

深部层组为上更新世第四纪Q_3^2沉积物，成因类型为河口—滨海相沉积，是良好的地基土层。

4.4.2 存在的岩土问题

拟建场区是近百年内新淤积而成，主要位于1996年前后形成的围海促淤区内，沟、河、塘较发育。地表层组有部分为近期吹填、堆填形成，土质不均，土性差。浅部土层具有结构松散、均匀性差、土性变化大的特点，地基土层处于欠压密状态、强度较低，具有典型软弱土层的特征。

中部层组在长期荷载作用下是产生压缩沉降的主要土层，土层含水率高，孔隙比大，强度低，具有高压缩性，在附加应力作用下会产生较大的固结沉降，天然地基土在强度和变形两方面都不能满足场道对地基的要求，需进行适当的地基处理。

4.4.3 处理方案

一期飞行区场区采用强夯法进行地基处理。两遍强夯，再加500～800kN·m点夯，施工过程中，采用场内盲沟和排水明沟的组合排水系统，并用集水井进行强制排水。

二期飞行区工程采用“高真空降水+强夯+垫层+冲击碾压”的地基浅层处理方案，井点由浅层井点和深层井点交叉布置，浅层井点平均间距为3.5m×4m，深度4～6m；深层井点平面间距为3.5m×6m，井点呈网格状布置，深度8m。

第3跑道地基处理采用“一般区域浅层处理，古河道区域深层处理+浅层处理”方案，浅层处理方法采用“井点降水+垫层+冲击碾压”法，深层处理方法采用真空预压法。

第4跑道采用堆载预压排水固结深层地基处理、真空降水浅层地基处理的处理方法。本着满足使用要求的原则，根据道面和道肩的不同功能，地基浅层处理分道面处理区（A1 区）、道肩处理区（A2 区）和换填处理区（B 区）。采用“高真空降水 +50cm 山皮石垫层 + 冲击碾压”的方法对道面区（A1 区）进行地基浅层处理，先进行高真空降水，时间为 7～10d，高真空降水孔距暂按设计图纸中的要求进行，实际施工时可根据现场土质条件进行适当调整，以保证高真空降水的效果为原则。三期扩建区主要包括卫星厅附近的站坪和部分垂滑，场地为河口、沙嘴、砂岛相地貌类型。主要问题除了浅层土的强度低、沉降和不均匀沉降较大的问题，还要考虑场地液化问题。

地基深层处理分为两个区：

（1）堆载预压处理区：站坪大面积地基处理采用堆载预压方法；

（2）深层搅拌处理区：站坪无法堆载，需要对沉降变形进行过渡的区域采用深层搅拌法。

地基浅层处理主要分为以下三个区：

（1）冲碾处理区：真空降水 + 山皮石垫层 + 冲击碾压 3 次；

（2）垫层处理区：采用水泥搅拌桩进行地基深层处理的区域，待搅拌桩检验合格后，按设计标高进行场地整平，铺设土工格栅，分区铺设山皮石垫层；

（3）换填处理区：对于禁区内受不停航施工影响的区域采用换填法处理。道面区换填厚度为 150cm，服务车道和道肩区换填厚度为 100cm。

第 5 跑道浅层地基处理在北端补土区选用浅层真空预压法处理吹淤场地，道槽区采用强夯处理；深层地基处理采取“塑料排水板 + 堆载预压法”进行地基处理，并针对$①_{0\text{-}0}$层淤泥采取“加密打设塑料排水板方案”。该方法解决了场区中部土层的固结沉降问题，使地基土的大部分沉降尽可能在施工期间完成，减小工后沉降并控制工后差异沉降，同时提高地基土的强度。

对地基进行分区处理，对预压荷载、排水板布置、堆载预压时间和效果、卸载标准等进行详细划分，使道面沉降变形尽可能协调一致。

第 5 章　湿陷性黄土

我国湿陷性黄土的面积约占黄土总面积的 60%，大部分分布在黄河中游地区。此外，甘肃河西走廊、西北内陆盆地、山东中部和东北松辽平原等地也存在湿陷性黄土。在湿陷性黄土区进行工程建设时，由于土体颗粒组成复杂，孔隙大且结构疏松，在水的作用下，常发生地基下陷。由湿陷引起的沉降和不均匀沉降会导致房屋或路面开裂，严重危及建（构）筑物安全。

我国西北地区大部分机场建设在湿陷性黄土地基上，如吕梁机场，西宁曹家堡机场、西安咸阳国际机场以及兰州中川国际机场等。目前，湿陷性黄土的地基处理方法主要包括原位压实法、换填垫层法、强夯法和石灰桩挤密法等。

5.1　湿陷性黄土的形成与特性

湿陷性土是指非饱和、具有亚稳态结构的土，在一定压力下浸水后，土的结构迅速破坏并产生显著的附加变形。湿陷性土包括湿陷性黄土、粉砂土和干旱、半干旱地区具有崩解性的碎石土等。工程建设中，最常见的湿陷性土为湿陷性黄土。

5.1.1　黄土的概念与分布

黄土是一种第四纪沉积物，具有以下特征：

（1）颜色以黄色、褐黄色为主，有时呈现灰黄色；

（2）颗粒组成以粉粒（粒径 0.005～0.075mm）为主，含量一般在 60% 以上；

（3）富含碳酸盐、硫酸盐及少量易溶盐；

（4）孔隙比一般在 1.0 左右；

（5）有用肉眼可见的大孔隙；

（6）垂直节理发育。

黄土按成因可分为原生黄土和次生黄土。一般认为，具有以上典型特征，没有层理的风成黄土为原生黄土；原生黄土经过流水冲刷、搬运和重新沉积形成的为次生黄土，具有层理并含有较多的砂粒以及细砾。地质界通常将原生黄土称为黄土，将次生黄土称为黄土状土；岩土工程领域通常将其统称为黄土。

我国国土面积的 6.3% 分布有黄土或黄土状土，面积约 64 万 km^2，占世界黄土分布面积的 4.9% 左右，主要在北纬 33°～47° 之间，而以 34°～45° 最为发育。

在这个区域内，一般气候干燥、降雨量少且蒸发量大，属于干旱、半干旱气候。地区环境条件造就了黄土以粉粒为主、欠压密高孔隙比、低湿度、富含胶结物质（增加黏聚力）以及垂直节理发育等重要特性。

黄河中游是黄土的主要分布地区，地层全、厚度大、分布连续、发育好，主要在刘家峡、乌鞘岭以东，三门峡、太行山以西，长城以南，秦岭以北的广大区域，面积约 28 万 km^2。在黄河下游，包括太行山东麓、中条山南麓、冀北山地南麓和山东丘陵地区，都有黄土分布。此外，在东北地区、新疆地区也有黄土分布。

5.1.2 湿陷性黄土的概念

黄土在一定压力（土的自重应力或自重应力与附加应力之和）下遇水浸湿，结构迅速破坏而发生显著附加下沉的现象称为湿陷，浸水后产生湿陷的黄土称为湿陷性黄土；在一定压力下受水浸湿，无显著附加下沉的黄土称为非湿陷性黄土。湿陷性黄土在其上覆土的饱和自重应力作用下不发生湿陷的，称为非自重湿陷性黄土；在上覆土的饱和自重应力作用下发生湿陷的，称为自重湿陷性黄土。

我国黄土地层自下而上分为早更新世黄土（午城黄土、Q_1）、中更新世黄土（离石黄土、Q_2）、晚更新世黄土（马兰黄土、Q_3）、全新世黄土（Q_4），全新世黄土包括全新世早期堆积黄土（Q_4^1）和全新世新近堆积黄土（Q_4^2）。我国地质学界将午城黄土和离石黄土统称为老黄土，将马兰黄土和全新世黄土统称为新黄土。一般情况下，形成年代较晚的新黄土，土质均匀或较为均匀，结构疏松，大孔发育，有较强烈的湿陷性；形成年代久远的老黄土土质密实、颗粒均匀，无大孔或略具大孔结构，一般不具有湿陷性或轻微湿陷性。

5.1.3 湿陷性黄土的工程性质

在黄土地区进行建设，应根据湿陷性黄土的特点和工程要求，采取地基处理综合措施，防止黄土浸水湿陷对工程的危害。

具体地说，湿陷性黄土表现出如下的工程特性：

（1）颗粒组成以粉粒为主（60% 以上），土粒的相对密度一般为 2.51～2.84；当粗粉粒和砂粒含量较多时，相对密度常在 2.69 以下；黏粒含量较多时，相对密度多在 2.72 以上。

（2）干密度一般在 1.14～1.69g/cm^3 之间，孔隙比范围一般为 0.85～1.24（大多数在 1.0～1.1 之间）。在黄土形成过程中，下层黄土不断被压密，随着干密度的增加，黄土逐渐由湿陷性黄土转变为非湿陷性黄土。

（3）天然含水率一般在3.3%～25.3%之间，饱和度在15%～77%之间，多数处于40%～50%的稍湿状态。含水率大小与场地的地下水深度和年平均降雨量有关。

（4）液限和塑限分别在20%～35%和14%～21%之间变化，塑性指数为3.3～17.5，多数在9～12左右。液性指数在零上下波动，大多数湿陷性黄土处于坚硬或硬塑状态，承载力较高，压缩性为中等或偏低，少部分黄土（主要为新近堆积黄土）处于可塑或软塑状态。当液限在30%以上时，黄土湿陷性较弱，多为非自重湿陷；当液限小于30%时，湿陷性较强。

（5）由于大孔隙和垂直节理发育，因此透水性强且具有明显的各向异性。抗水性弱，起胶结作用的盐类遇水溶解，引起团簇崩解，微结构被破坏，发生显著的附加下沉。

5.1.4　湿陷性黄土细观力学机理

黄土颗粒间的范德华力等弱吸引力相比重力不能忽略，因此黄土在天然沉积过程中容易出现大孔隙；而所处的干旱、半干旱气候使黄土在形成过程中形成了颗粒间胶结，阻止了黄土的进一步压密，从而形成了大孔隙胶结结构。湿陷性黄土细观结构的主要特征是由颗粒间胶结维持的大孔隙架空结构（处于欠压密状态）。

通过细观观测，考虑颗粒大小和颗粒黏结状态的变化，前人提出了黄土微结构的不同类型。范文团队通过SEM观测和CT扫描，对马兰黄土的颗粒和孔隙进行了细观指标表征分析，并将马兰黄土细观结构分为四类，包括单粒架空结构、单粒镶嵌结构、集粒架空结构和絮凝结构。其中，单粒架空结构是骨架由较大尺寸黄土单粒形成架空支架的结构，单粒镶嵌结构是骨架由较大尺寸黄土颗粒镶嵌而成的结构，集粒架空结构是骨架由部分集粒和单粒互为支架形成的架空结构，絮凝结构是骨架由单粒、集粒及较小细粉粒聚集而成的结构，如图5-1所示。

湿陷性黄土在其大孔隙胶结结构未遭到破坏时表现出较高的强度，因此黄土地区有塬边高陡边坡、黄土柱、黄土桥以及人工开挖的窑洞等特有的地貌和人文特征。但当遇水浸湿时，黄土的粒间胶结遭到破坏，土的强度显著降低，在自重应力或自重应力与附加压力共同作用下，引起下沉量大、下沉速度快的失稳性湿陷变形（图5-2）。归纳起来，黄土湿陷的原因可以分为内因和外因两方面，黄土的结构特征及物质成分是产生湿陷性的内因，黄土在荷载作用下受水浸湿是湿陷发生的外因。

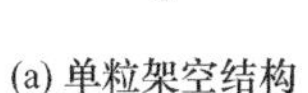

(a) 单粒架空结构

(b) 单粒镶嵌结构

(c) 集粒架空结构

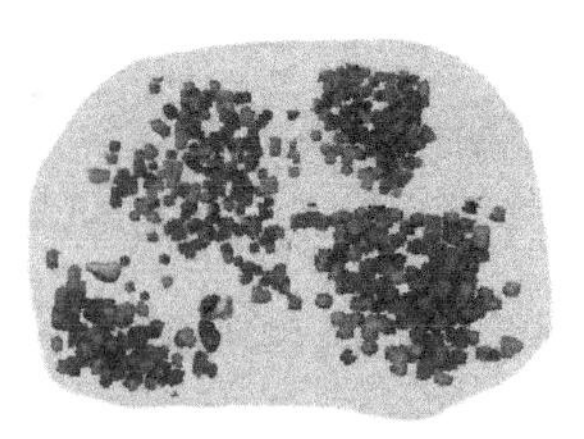

(d) 絮凝结构

图 5-1　马兰黄土微结构类型

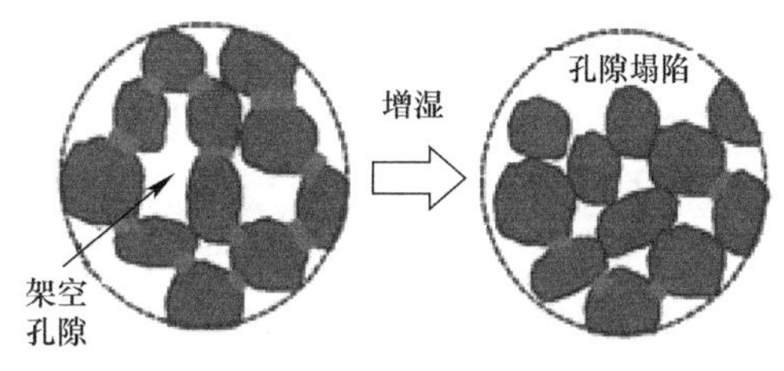

图 5-2　黄土湿陷概念图

近年来，范文团队通过微观观测研究手段对马兰黄土湿陷的内因进行了分析，对湿陷性黄土的粒间胶结物质成分得出了新的结论。马兰黄土湿陷包括两个方面，一是黄土的微结构特征及其演化，黄土的松散微结构是黄土湿陷的先决条件，控制着黄土湿陷过程和湿陷量大小；二是黏土矿物成分和赋存状态对湿陷性的控制作用，颗粒接触处的黏粒起胶结作用，黏粒吸水、水膜增厚、黏粒膨胀、散化、粒间引力减弱和抗剪强度降低，是颗粒发生滑移引起湿陷的主要原因。可溶盐的溶解对马兰黄土湿陷不起主要作用。

总之，通过新型观测手段和颗粒、孔隙表征分析方法，对湿陷性黄土的微结构和湿陷性的微观机理研究越来越细化，为湿陷性黄土地基处理提供了科学支持。此外，有学者通过离散元等数值方法研究黄土微观力学特征，包括胶结接触破坏数、粒间接触力链、粒间接触力组构、宏观应力与微观接触力关系等。根据湿陷性黄土单线法（逐步增湿、快速增湿）和双线法计算湿陷变形的压缩曲线图（离散元模拟结果），可见黄土湿陷可由颗粒间胶结接触的破坏诱发，且黄土湿陷变形量与胶结破坏高度相关。如图 5-3 所示。

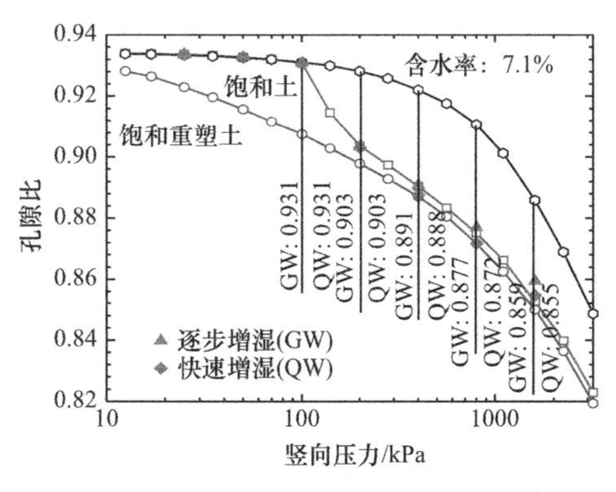

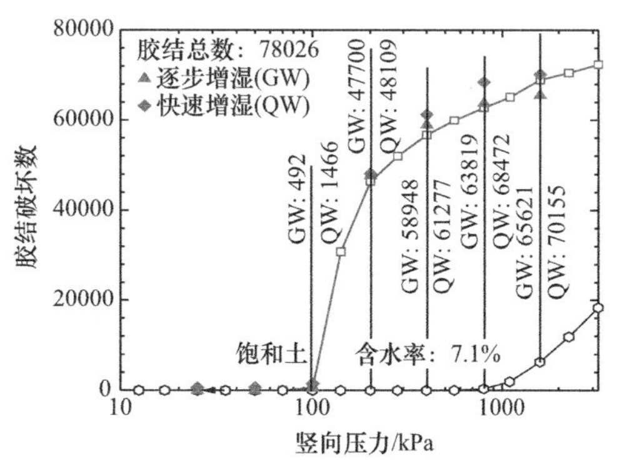

图 5-3　黄土一维湿陷离散元模拟

5.2　湿陷性黄土理论进展

5.2.1　黄土湿陷性的判定

1. 湿陷系数

黄土是否具有湿陷性以及湿陷性的强弱，可根据在一定压力下测定的湿陷系数 δ_s 来判定。湿陷系数可通过在现场采取原状土样，在室内利用固结仪采用单线法（或双线法）测定，详见《土工试验方法标准》GB/T 50123—2019。测定湿陷系数的试验压力，应按湿陷性黄土土层深度和附加压力确定，机场工程中飞行区地基附加应力主要由填土荷载和主起落架处的飞机荷载所引起。

湿陷系数按下式计算：

$$\delta_s = \frac{h_p - h_p'}{h_0} \tag{5-1}$$

式中：h_p——保持天然湿度和结构的试样，加至一定压力时，下沉稳定后的高度（mm）；

h_p'——加压下沉稳定后的试样，在浸水饱和条件下，附加下沉稳定后的高度（mm）；

h_0——试样的原始高度（mm）。

当湿陷系数 $\delta_s \geqslant 0.015$ 时，应定为湿陷性黄土；当 $\delta_s < 0.015$ 时，应定为非湿陷性黄土。湿陷性黄土的湿陷程度划分，应符合下列规定：当 $0.015 \leqslant \delta_s \leqslant 0.030$ 时，湿陷性轻微；当 $0.030 < \delta_s \leqslant 0.070$ 时，湿陷性中等；当 $\delta_s > 0.070$ 时，湿陷性强烈。

在机场工程中，根据工程需要，对飞行区道面影响区和高填方边坡稳定影响区的主要湿陷性土层，尚应进行非浸水饱和的增湿湿化试验，增湿后的饱和度可按 90% 或按设计要求确定。

2. 自重湿陷系数

测定自重湿陷系数的试验压力，应为试样上覆土的饱和自重压力。自重湿陷系数按下式计算：

$$\delta_{zs} = \frac{h_z - h_z'}{h_0} \tag{5-2}$$

式中：h_z——保持天然湿度和结构的试样，加压至该试样上覆土的饱和自重压力时，下沉稳定后的高度（mm）；

h_z'——加压稳定后的试样，在浸水饱和条件下，附加下沉稳定后的高度（mm）。

3. 湿陷起始压力

一般情况下，黄土的湿陷系数随竖向压力的增加先增加后减小，存在湿陷起始压力和峰值湿陷压力。湿陷起始压力是指黄土在受水浸湿后开始产生湿陷时的相应压力。当按室内压缩试验结果确定时，湿陷起始压力可利用湿陷系数与竖向压力的关系曲线（图5-4）求得，湿陷系数δ_s=0.015所对应的压力即为湿陷起始压力。

当按现场静载荷试验结果确定时，应在压力与浸水下沉量p-s_s曲线上，取转折点所对应的压力作为湿陷起始压力值。曲线上的转折点不明显时，可取浸水下沉量（s_s）与承压板直径或宽度之比等于0.017所对应的压力作为湿陷起始压力值。

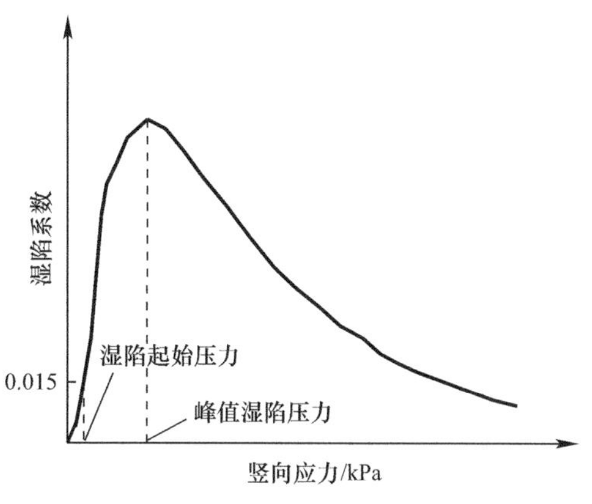

图5-4 湿陷系数与竖向压力的关系曲线

5.2.2 黄土场地的湿陷类型和湿陷等级

1. 湿陷性黄土场地的湿陷类型

湿陷性黄土场地存在非自重湿陷性和自重湿陷性两种类型，前者主要由非自重湿陷性黄土层组成，后者主要由自重湿陷性黄土层组成。黄土场地的湿陷类型可根据自重湿陷量的实测值Δ'_{zs}或计算值Δ_{zs}来判定（以实测值Δ'_{zs}为准）。Δ'_{zs}根据现场试坑浸水试验确定。Δ_{zs}根据各层土的自重湿陷系数和厚度（不计δ_{zs}<0.015的土层），并考虑因地区土质而异的修正系数计算，详见《湿陷性黄土地区建筑标准》GB 50025—2018。计算深度应自天然地面（挖方、填方场地应自设计地面）算起，计算至其下非湿陷性黄土层的顶面止。

自重湿陷量小于或等于70mm时，应定为非自重湿陷性黄土场地；自重湿陷量大于70mm时，应定为自重湿陷性黄土场地。

2. 湿陷性黄土地基的湿陷等级

湿陷性黄土地基的湿陷等级应按湿陷量的计算值Δ_s划分，Δ_s根据各层土的湿陷系数和厚度（不计δ_s<0.015的土层），并考虑地基土的受力状态及地区等因素的修正系数、不同深度地基土浸水概率系数进行计算，详见《湿陷性黄土地区建筑标准》GB 50025—2018和《民用机场勘测规范》MH/T 5025—2011。

对建筑工程，在非自重湿陷性黄土场地，计算深度可累计至基底下10m深度止，当地基压缩层深度大于10m时累计至压缩层深度；在自重湿陷性黄土场地，累计至非湿陷性黄土层的顶面止。对机场工程，湿陷量的计算深度从道槽设计标高（初步勘察时自地面下1m）算起；计算深度应包括所有湿陷性土层。

湿陷性黄土地基的湿陷等级，应根据自重湿陷量计算值或实测值，按表5-1判定。

湿陷性黄土地基的湿陷等级　　表5-1

<table>
<tr><td rowspan="4">Δ_s（mm）</td><td colspan="3">场地湿陷类型</td></tr>
<tr><td>非自重湿陷性场地</td><td colspan="2">自重湿陷性场地</td></tr>
<tr><td colspan="3">Δ_{zs}/mm</td></tr>
<tr><td>$\Delta_{zs}\leq70$</td><td>$70<\Delta_{zs}\leq350$</td><td>$\Delta_{zs}>350$</td></tr>
<tr><td>$50<\Delta_s\leq100$</td><td rowspan="2">Ⅰ（轻微）</td><td>Ⅰ（轻微）</td><td rowspan="2">Ⅱ（中等）</td></tr>
<tr><td>$100<\Delta_s\leq300$</td><td>Ⅱ（中等）</td></tr>
<tr><td>$300<\Delta_s\leq700$</td><td>Ⅱ（中等）</td><td>Ⅱ（中等）或Ⅲ（严重）</td><td>Ⅲ（严重）</td></tr>
<tr><td>$\Delta_s>700$</td><td>Ⅱ（中等）</td><td>Ⅲ（严重）</td><td>Ⅳ（很严重）</td></tr>
</table>

注：对$70<\Delta_{zs}\leq350$、$300<\Delta_s\leq700$一档的划分，当湿陷量的计算值$\Delta_s>600$mm、自重湿陷量的计算值$\Delta_{zs}>300$mm时，可判为Ⅲ级，其他情况可判为Ⅱ级。

5.3　湿陷性黄土机场地基处理

湿陷性黄土地基的变形包括压缩变形和湿陷变形。压缩变形是地基土在天然湿度下由附加应力引起，变形增量随时间的增加而逐渐减小；湿陷变形是当地基的压缩变形还未稳定或稳定后，附加应力不变，由于地基受水浸湿引起的变形，经常在局部突然发生，而且很不均匀，危害性较严重。

机场场道湿陷性黄土地基处理主要目的是消除湿陷变形，但新近堆积黄土不仅有湿陷性，而且有很大的压缩性，场道地基在上部荷载作用下会产生显著压缩变形。消除黄土地基湿陷性的根本途径，一是严格防止水浸入和渗入；二是全部清除湿陷性黄土地基。但机场工程浩大，地基处理费用昂贵，要做到全部消除湿陷必将花费很高的经济代价。因此，一般采取两种措施兼用的方法：一方面，尽量做好防排水，减少水的浸入和渗入；另一方面，处理部分深度的湿陷性黄土地基，以消除部分湿陷性。不过，这种防护措施具有风险性，它不能确保场道地基不发生过量湿陷变形，只能尽量降低发生湿陷的可能性，使得湿陷造成的损失达到最小。

5.3.1 地基处理的影响因素

影响场道湿陷性黄土地基处理的因素很多，主要有：

（1）机场场道浸水和渗水。场道浸水和渗水与机场场道的位置、地形、地貌、平面布置及防排水设施等关系极大。如场道位于高处或地形起伏较小的平坦地区，便于组织防排水地段，浸水和渗水可能性就小；反之，场道位于山坡一侧，或有洪水侵入可能，地下水位可能升高地区，冲沟发育，有大、深冲沟地区；填方量大，且难以组织排水地区，防排水设施不良地区；道面基层易渗水地区，浸水和渗水的可能性就大。

（2）黄土地基湿陷类型及其地质状况。与房屋建筑不同，场道上覆结构荷载与飞机作用荷载都较小，一般场道地基最大的附加应力为 80kPa 左右。可见，地基中附加应力较小，湿陷起始压力可能大于附加应力与上覆土的饱和自重压力之和，因而在非自重湿陷黄土中基本上不会引起湿陷。场道地基位于具有洞穴、沟、坑等不良地质现象和地下坑穴集中的地段时，会增大沉陷。虽非湿陷，但也是考虑地基处理的因素。

（3）黄土地基湿陷程度。如果采取可靠防排水措施，不致引起道面过量变形，因而对Ⅰ级（轻微）、Ⅱ级（中等）湿陷地基可考虑不做处理。地基湿陷Ⅲ级（严重）及Ⅳ级（很严重）均属自重湿陷，湿陷量大，一般需做处理。

（4）湿陷性黄土层厚度与埋深。通常厚度大、埋深浅，地基需要进行处理。

（5）黄土地基的填挖方量与填方厚度。实践表明，填方厚度大易引起湿陷，山区场地比平原场地更易湿陷，填方区比挖方区更易湿陷，尤其是高填方区容易浸水，施工质量难以保证，湿陷可能性更大。因此，填方范围大小，填方区平均厚度与最大厚度影响地基处理程度。

（6）机场等级。机场等级反映机场的重要性、规模大小及地基上荷载的大小。机场等级高，反映其重要性高、规模大、地基受载大，因而易发生湿陷。同时机场一旦损坏，经济损失也大。因此机场等级越高，地基处理的要求也越高。

（7）新近堆积黄土。如果场道地基不是一般湿陷性黄土，而是新近堆积黄土，那么必须进行处理。因为新近堆积黄土地基，在道面板和基层荷载作用下会产生很大的压缩变形。这种压缩变形通常在较小荷载作用下就能完成，一般可通过预压以消除压缩变形。

综上，飞行区存在湿陷性黄土时，应进行现场浸水试验，根据湿陷性黄土特性等，研究场地浸水的概率和后果严重程度，考虑因地制宜、就地取材、保护环境以及施工条件的可能性等因素，通过技术经济综合分析比较后，综合确定地基处理方案。飞行区道面影响区湿陷性黄土地基处理应符合表 5-2 的规定。

湿陷性黄土地基处理要求　　表 5-2

<table>
<tr><th colspan="2">湿陷等级</th><th>地基处理厚度 /m</th><th>剩余总湿陷量 /mm</th></tr>
<tr><td colspan="2">Ⅰ级</td><td>≥1.0</td><td rowspan="5">不宜大于 200</td></tr>
<tr><td rowspan="2">Ⅱ级</td><td>非自重湿陷</td><td>≥2.0</td></tr>
<tr><td>自重湿陷</td><td>≥2.5</td></tr>
<tr><td colspan="2">Ⅲ级</td><td>≥3.0</td></tr>
<tr><td colspan="2">Ⅳ级</td><td>≥4.0</td></tr>
</table>

注：1. 湿陷性黄土地基处理应同时满足地基处理厚度和剩余总湿陷量的要求。
2. 总湿陷量计算应符合《民用机场勘测规范》MH/T 5025—2011 的规定。

5.3.2　湿陷性黄土地基处理

湿陷性黄土的地基处理，一般在竖向或横向采用夯实挤密的方法，使处理范围内的土孔隙体积减小，干密度增加，压缩性降低，承载力提高，湿陷性消除。湿陷性黄土地基处理分为消除地基的部分湿陷量和消除地基的全部湿陷量两种。消除地基的部分湿陷量时，对非自重湿陷性黄土地基，剩余湿陷量是用基底下持力层内的湿陷量减去拟处理的湿陷性黄土的湿陷量；对自重湿陷性黄土地基，是用全部湿陷性黄土层的湿陷量减去拟处理湿陷性黄土的湿陷量。

湿陷性黄土地基处理方法主要有原位压实法、换填垫层法、强夯法、挤密法、预浸水法和化学加固法等；在湿陷性黄土地基处理中，可选择一种或多种方法相结合。

1. 原位压实法

原位压实法采用人工或机械夯实、碾压或振动，使土体密实。密实范围较浅，常用于分层填筑，适用于大面积湿陷性黄土地基的浅层处理。原位压实法根据不同的施工机械设备和工艺，一般可分为碾压法、振动压实法以及重锤夯实法。湿陷性黄土地基处理中常用的有冲击碾压法、重锤夯实法。

冲击碾压法是采用配有压实轮的冲击式压实机，通过压实轮在滚动中产生的集中冲击能并辅以滚压、揉压的综合作用，使土体深层随着冲击波的传播而得到压实。冲击碾压法适用于地下水位以上的湿陷性黄土地基的处理，机场工程中处理厚度建议为 0～1.4m。碾压的质量标准，通过计算分层压实土的干密度并换算为压实系数来控制，压实系数应符合《民用机场水泥混凝土道面设计规范》MH/T 5004—2010 的要求。压实系数 λ_c 是垫层的设计干密度 ρ_d 与室内击实试验在最优含水率状态下测得的最大干密度 ρ_{dmax} 之比。

重锤夯实法是将 1.8～3.5t 的重锤以 4～6m 的落距对天然地基表面进行反复夯实（同一位置连续夯击 8～12 次），从而使有效夯实厚度（1～2m）内的黄土干密度增加、压缩性降低、湿陷性消除、并使地基承载力提高。重锤夯实法适用于处理地下水位以上、土的饱和度 $S_r \leqslant 60\%$ 的Ⅰ、Ⅱ级非自重湿陷性黄土地基。

2. 换填垫层法

换填垫层法适用于地下水位以上的湿陷性黄土地基的处理。黏性土或灰土是消除地基部分湿陷性最常用的垫层，一般适用于消除1～3m厚土层的湿陷性。

在湿陷性黄土地基上设置垫层，首先应明确是消除地基的部分湿陷量还是全部湿陷量，以确定垫层的厚度、宽度、地基承载力等。垫层下有未处理的湿陷性黄土时，不允许使用砂、石等粗颗粒的透水性材料做垫层。

垫层施工时，应先将处理范围内的湿陷性黄土全部挖出，并打底夯（或压实），然后将就地挖出的黏性土配成处于最优含水率附近的土料或适当含水率的灰土料，根据选用的夯（压）实机具，按一定厚度分层铺土，分层夯（压）实，直至设计标高为止。在大面积范围内，可采取分段开挖，分段、分层回填夯（压）实。上、下两层应避免竖向接缝，其错开距离应不小于0.5m。在施工缝两侧，应增加夯（压）实遍数。

为确保垫层的质量，在施工中每夯（压）完一层，应及时检查该层土的干密度，并换算为压实系数。对检验不合格的垫层，应采取补夯（压）或其他补救措施。

3. 强夯法

在夯击能和冲击波的作用下，将地表下一定深度内的湿陷性黄土夯至密实状态，以提高黄土强度、降低压缩性和消除湿陷性。强夯法对湿陷性黄土处理效果明显，适用于地下水位以上，饱和度 $S_r \leqslant 60\%$ 的湿陷性黄土，机场工程建议处理深度3～7m。

在大面积处理黄土前，强夯施工应在现场选取一个或几个有代表性试验区进行试验性强夯，按试夯得到的夯击次数和夯沉量关系曲线确定每个主夯点的夯击次数，一般为10～18击。主夯点一般可按正三角形、正方形或梅花形布置，主夯点间距通常为5～15m（锤底直径或边长的2.0～2.2倍）。湿陷性黄土的天然含水率较小，孔隙中一般无自由水，夯击时不需要等孔隙水消散，可采取连续夯击，以减少吊车移位，提高施工速度。因此，一般可在一个夯击点上一遍连续夯到所需的总击数，再移动到下一个夯击点，逐点一遍夯成。

主夯点夯击完成后，立即用推土机平整夯坑及夯坑周围地面，随后进行满夯，用以对夯坑内的填土和主夯点之间未夯击的土层进行夯实，消除上部土层的湿陷性，并促使夯坑周围地面裂缝闭合或消失，强夯法的有效夯实厚度可按梅纳公式确定。

4. 挤密法

通过成孔设备或爆炸能量所产生的横向挤压作用形成桩孔，使桩间土得以挤密，然后将备好的最优含水率素土或灰土分层填入桩孔内，并分层夯实（或捣实），称为土桩或灰土桩挤密法。土桩或灰土桩分别与挤密后的桩间土形成复合地基，共同承受基础的上部荷载。土桩或灰土桩挤密法适用于处理地下水位以上，饱和度 S_r≤65% 的湿陷性黄土，处理深度一般为 5～15m。当地基土的含水率 w>24%、饱和度 S_r>70% 时，桩孔及其周围地面容易缩颈和隆起，挤密效果差，因此该方法不适用于处理很湿的黄土以及地下水位以下的饱和黄土。

当以消除地基土的湿陷性为主要目的时，桩孔内宜用素土回填夯实；当以提高地基土承载力或增强水稳性为主要目的时，桩孔内宜用灰土回填夯实。灰与土的配合比一般为 2∶8 或 3∶7，土中掺入消石灰拌和均匀后产生离子交换和凝硬反应等，可大大提高灰土强度。

挤密桩在施工前应按设计要求，先选择现场有代表性的地段进行挤密桩的试验，试验结果达到设计要求并取得设计参数后才能进行地基处理。根据选用的成孔设备、方法确定桩孔直径，一般控制在 300～600mm。挤密桩的桩孔间距直接影响着桩间土的挤密效果，确定桩孔间距应能保证桩间土的平均挤密系数不小于 0.93。一般情况下，桩孔间距为挤密桩桩径的 2.0～2.5 倍。

成孔和回填夯实的施工顺序，宜由外向里，即先外排后内排，同一排间隔 1～2 孔进行。填料回填夯实后，应检测处理深度内桩间土的干密度，并换算为平均压实系数和平均挤密系数，以检验挤密桩处理地基的质量和效果。填料夯实质量的检验，可采用触探、深层取样试验等方法。对重要工程以及挤密效果或桩孔内夯实质量较差的一般工程，还应测定全部处理深度内桩间土的压缩性和湿陷性，综合评价土（或灰土）挤密桩地基的质量。

5. 预浸水法

预浸水法是预先对湿陷性黄土场地大面积浸水，使土体在饱和自重压力作用下发生湿陷产生压密，以消除黄土层的自重湿陷性和深部土层的外荷湿陷性。预浸水法适用于处理地基湿陷等级为Ⅲ级、Ⅳ级的自重湿陷性黄土场地，可消除地表以下 6m 以内自重湿陷性黄土层的全部自重湿陷性。预浸水法处理后距地表以下 4～5m 内的上部土层一般仍具有外荷湿陷性，应另处理上部土层。

浸水处理前，沿场地四周修筑高 0.5m 的土埂，并设置观测标志。当浸水场地面积较大时，预浸水应分段进行，每段 50m 左右。湿陷性黄土场地一般土质疏松，常有裂缝和孔洞分布，在浸水过程中要防止发生跑水现象，影响处理效果。因此，注水后要及时观察，如发现有沿裂隙或孔洞跑水的现象，需及时填土堵塞。浸水处理初期，水位不宜过高，当水位稳定，且周围地表形成环形裂缝时再将水位适当提高。浸水后要定期观测标志下沉情况，直至下沉稳定为止。若土层很厚，可先在土层中钻孔，填以粗砂和碎石形成砂井，然后在塘内放水浸泡，水深保持 0.3～0.5m。

5.3.3 不同地基处理方法比较和处理方案选择

1. 不同地基处理方法的比较

（1）冲击碾压法处理湿陷性黄土的有效深度一般在0.6m以内；对0.6～1m以内的湿陷性黄土有一定的影响，但不能完全消除湿陷性；对于超过1m的湿陷性黄土处理效果较差。冲击碾压法工艺较简单，适合大面积场地进行浅层湿陷性黄土的地基处理，处理速度最快，效果较好。

（2）换填垫层法处理厚度一般为1～3m。换填垫层法简易可行，处理速度快，效果显著，适合进行浅层湿陷性黄土的地基处理。

（3）强夯法处理湿陷性黄土的深度为3～7m左右，最深可达10m。强夯后土颗粒重新排列成更为密实的结构，过程中消除了特大孔隙，大孔隙和小孔隙经夯击后也明显减少，微孔隙虽然出现了增加，但不影响黄土的结构状态，深度越浅，增强的程度越高。但强夯法处理湿陷性黄土地基的处理深度较深，工艺较简单，处理效果好，适合大面积深层处理。强夯法耗时较冲击碾压法长，施工准备时间较长，对周围环境影响较大。如果现场周围有建筑物，需要评估强夯对建筑的影响，在充分试验基础上开展施工，避免造成处理场地周围建筑的损坏。

（4）土（或灰土）挤密桩通过桩的挤密作用及桩的共同作用消除黄土的湿陷性，处理深度为5～15m左右。经挤密桩处理后的黄土地基，干密度增加，孔隙比减小，压缩系数明显降低。如果采用挤密桩与灰土垫层相结合，处理湿陷性黄土地基效果更好，可以明显消除黄土的湿陷性，提高地基土的承载能力，减少工后沉降。挤密桩处理深度大，处理效果较好，适合湿陷性黄土小面积深层处理，但耗时长，施工工艺复杂，辅助材料较多，施工难度较大，容易出现工程质量事故。

（5）预浸水法处理湿陷性黄土的深度视现场的情况有所不同，一般在6m左右，处理后地表以下4～5m范围内仍具有外荷湿陷性。预浸水法处理黄土湿陷性耗时较长，一般需要两个月左右，施工工艺复杂，需要大量的水资源，适合湿陷性黄土局部处理，且处理效果一般。

上述几种处理方法均有各自的特点和适用范围，从工程经济性方面分析，预浸水法和冲击碾压法的费用最低，强夯法和土（灰土）挤密桩费用较高。从处理深度分析，换填垫层法、冲击碾压法及预浸水法适用于浅层处理，而强夯法和灰土挤密桩适合深层处理。进行湿陷性黄土地基处理时，需根据工程性质、湿陷性黄土厚度及现场条件，择优选择合适的地基处理方法。

2. 地基处理方案选择

对于大面积的湿陷性黄土浅层处理，采用冲击碾压法是最合适的，该方法具有工艺简单，费用低廉，速度快，对周围建筑影响小，浅层处理效果好等特点。

考虑到我国湿陷性黄土的分区及厚度，本方法适用于东北地区、华北地区，对于关中等地区的深厚湿陷性黄土，该方法不能完全消除地基的湿陷性，在设计时需要综合考虑地基承载能力和湿陷性影响，慎重采用。

对于小面积浅层湿陷性黄土，换填垫层法较为合适，其取材方便、施工简单。预浸水法适合小面积、深度6m以内湿陷性黄土的处理，由于该处理方法需要耗费大量的水资源，因此场地附近取水方便的情况下可以采用。该处理方法在处理地基时会产生明显的地基沉陷，因此如果处理场地附近有建筑物时会对其产生影响，此时不推荐使用该方法。

对于大面积深厚湿陷性黄土，采用强夯法处理工艺更合适，可以取得很好的深层处理效果，有效消除黄土的湿陷性，该方法工艺较简单，处理时间较短，可以有效地节约工期。但强夯施工机械较笨重，施工速度较慢，施工成本较高，同时使用该方法会对周围的建筑物产生较大影响，如果处理场地周围有建筑物，需要进行评估方可进行。

对于小面积深厚湿陷性黄土，采用土（或灰土）挤密桩更合适，该方法对于周围环境影响较小，可以将环境影响降到最低程度，适合在建筑密集地区采用。

对于机场工程，大面积场区的地基处理应优先采用性价比高的冲击碾压法和性价比较高的强夯法进行处理。

5.4　工程案例

5.4.1　工程概况和地质条件

吕梁大武机场为支线机场，位于方山县大武镇西北，距吕梁市区约20.5km。地面标高1167.4m，占地面积1.1km^2。吕梁机场地处典型的湿陷性黄土地区，是国内施工难度最大、土方量最大、填方量最多的支线机场。

试验段位于机场场地中部火烧沟及其两侧，该区域存在黄土沟谷地貌、黄土沟间地貌和黄土潜蚀地貌等微地貌单元。火烧沟总体呈近南北向，由东北向西南倾斜，沟谷纵坡降约7.1%，沟长约700m，宽度10～50m，切割深度50～100m，沟谷横截面上游呈“V”形，下游呈“U”形，沟谷两侧坡度为40°～60°，局部地段可达80°以上。站坪和联络道部位所在的上部冲沟两侧，地形总体呈中间低，东西两侧高，北高南低，地面标高介于1050～1198m之间，相对高差为148m。

该试验场区天然地基土自上而下可划分：① 素填土（Q_4^{2ml}），浅黄色，以粉土为主，结构松散，土质不均，层厚0.30～1.60m，平均层厚0.90m；② 黄土状土（Q_4^{dl}），淡黄—灰黄色，以粉土为主，夹粉质黏透镜体或薄层，稍湿、稍密状态，质地疏松，大孔隙发育，一般具中等—高压缩性，湿陷程度轻微。标准贯入试验实测击数4.0～11.0击，平均7.0击。层厚4.60～10.20m，平均层厚7.28m；③粉质黏土（Q_2^{eol}），红黄—褐红色，可塑—硬塑状态，大孔隙及垂直节理不明显，含云母，煤屑，夹灰白色钙质结核层（厚度0.3～0.5m，呈棱角—次棱角状，可见粒径5～15cm）。标准贯入试验实测击数11.0～21.0击，平均14.0击，层厚2.20～4.90m，平均层厚3.57m，层底埋深12.10～12.80m，平均埋深12.43m；④黏土（N_2），深红—紫红色，硬塑—坚硬状态，含菌丝、铁锰质黑色斑点及钙质结核，一般具低压缩性。标准贯入试验实测击数26.0～30.0击，平均28.2击。主要物理性质指标见表5-3。

试验区土层主要物理性质指标　　表5-3

土层	湿密度/(g/cm^3)	含水率/%	孔隙比	塑限/%	塑性指数
①素填土	1.86	19.3	0.644	16.7	10.4
②Q_4^{dl}黄土状土	2.03	20.8	0.621	17.6	12.1
③Q_2^{eol}粉质黏土	2.02	21.4	0.636	17.9	13.0
④N_2黏土	2.05	21.1	0.608	18.2	12.9

场区内需要处理的地层主要为马兰黄土和离石黄土，属自重湿陷性黄土场地，地基湿陷等级为Ⅱ级。根据室内湿陷性试验结果，湿陷土层为①素填土和第②黄土状土，200kPa浸水压力下的湿陷系数δ_s为0.016～0.029；在500kPa浸水压力下湿陷系数δ_s为0.017～0.031；在1000kPa浸水压力下湿陷系数δ_s均小于0.015。湿陷起始压力随深度增加而增大，湿陷系数随深度增加而减小。

本区属黄河流域三川河水系，根据勘察结果，地下水类型为孔隙承压水，勘察期间实测稳定水位埋深0～23.30m，水位标高1041.121～1131.260m，主要以大气降水入渗及径流补给为主。水位季节性变化幅度约1.0～3.0m。

5.4.2　存在的岩土问题

场区内第1层和第2层分别为素填土和湿陷性黄土，素填土的压缩模量低，后期沉降量较大；湿陷性黄土面积较大，且厚度不一致，层厚4.60～10.20m，平均层厚7.28m，对于地基处理方法提出较高要求。

5.4.3　处理方案

强夯试验共分三个能级，分别为 2000kN·m、3000kN·m、6000kN·m。试验场地分为 6 个试验小区，各小区先采用不同能级进行等间距点夯，点夯完毕推平后再根据情况分别在各试验小区进行满夯，所有试验区点夯夯点均按正方形布置，满夯夯点按 *d*/4 搭接型布置。试验前在每个试验小区选择两个夯点进行试夯，试夯施工参数与该小区试验参数保持一致，根据试夯结果确定各小区合理击数及停夯标准，强夯处理参数如表 5-4 所示。

强夯试验处理参数　　表 5-4

分区	点夯能级 /（kN·m）	夯点中心距 /m	满夯能级 /（kN·m）	满夯击数
T1-1	2000	3.5	800	3～6
T1-2	2000	4	800	3～6
T2-1	3000	4	1000	3～6
T2-2	3000	4.5	1000	3～6
T3-1	6000	4.5	1000	3～6
T3-2	6000	5	1000	3～6

5.4.4　处理效果

1. 处理参数分析

强夯夯沉量与击数关系如图 5-5 所示，各夯点随夯击次数增加，单击夯坑夯沉量增长幅度逐渐减少，土体趋于密实。根据试验结果判断，2000kN·m、3000kN·m、6000kN·m 三个能级单点夯最优击数分别为 11 击、11 击及 10 击。停夯标准分别判定为 50mm、50mm 和 100mm。

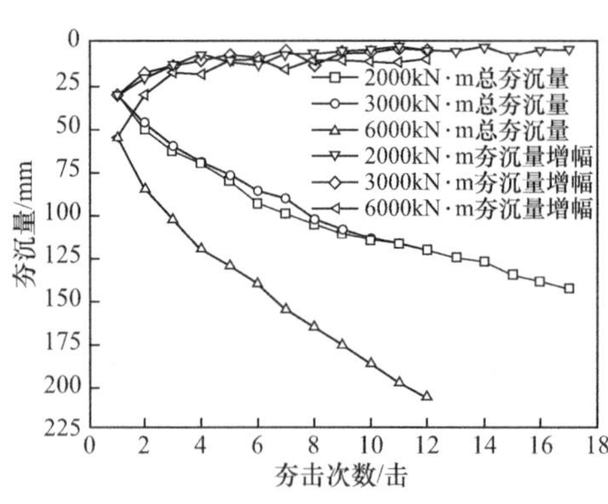

图 5-5　不同夯击能作用下夯沉量变化曲线

各试验区点夯完毕后将地面推平进行满夯，地面总夯沉量及平均夯沉量统计结果见表 5-5。各强夯试验区的地面总夯沉量一般在 590～690mm 之间，土层有效夯实效果的决定性因素是强夯能级，在合理范围内调整夯点中心距不会造成土体夯实效果的较大变化。

试验夯沉量统计表　　表 5-5

能级 /kN·m	总夯沉量 /mm	击数		平均夯沉量 /mm	
		点夯	满夯	点夯	满夯
2000	590	10～12	3～5	450	140
3000	620	10～12	3～5	450	170
6000	690	10～12	4～6	450	240

夯点的夯击次数以达到最佳次数为宜，超过最佳次数再夯击，容易将表层土夯松，消除湿陷性的有效深度并不增加，在试夯过程中找到最佳夯击次数以及停夯标准。夯点布置可按正方形布置，宜分 3 遍进行，前两遍夯击主要是将夯坑底面以下的土层进行夯实，第 3 遍满夯主要是将夯坑底面以上的填土和表层松土夯实。

2. 强夯前后地基土标贯击数的变化

为分析强夯前后地基土标贯击数变化，在强夯试验前分别进行了 3 组标贯试验，并取不同深度的平均值作为夯前参考指标，强夯试验完毕 14d 后，分别在各区再次进行标贯试验。从标贯击数提高统计表（表 5-6）可看出，强夯对浅层土层压实效果明显，2000kN·m、3000kN·m 能级强夯下 3～5m 内标贯击数提高近 300%，而 6000kN·m 能级强夯下 5～7m 内标贯击数提高近 300%～400%。

强夯处理后标准贯入击数提高统计表　　表 5-6

<table>
<tr><th>深度 /m</th><th>T1-1 区</th><th>T1-2 区</th><th>T2-1 区</th><th>T2-2 区</th><th>T3-1 区</th><th>T3-2 区</th></tr>
<tr><td>0～3</td><td>29%～300%</td><td rowspan="2">43%～383%</td><td rowspan="3">150%～367%</td><td rowspan="2">137%～400%</td><td rowspan="4">100%～367%</td><td rowspan="3">60%～400%</td></tr>
<tr><td>3～5</td><td>影响微弱</td></tr>
<tr><td>5～7</td><td></td><td>影响微弱</td><td>影响微弱</td></tr>
<tr><td>7～9</td><td></td><td></td><td>影响微弱</td><td></td><td>影响微弱</td></tr>
<tr><td>≥9</td><td></td><td></td><td></td><td></td><td>影响微弱</td><td></td></tr>
</table>

试验区经强夯处理后，各试验小区的地基承载力特征值 f_{ak} 均大于 300kPa，各区夯点下的地基承载力特征值比夯点间的地基承载力高 10%～20%，均可达到 400kPa 以上，且土体变形模量大于 25MPa。湿陷性黄土地基采用强夯加固处理，效果明显，加固后的地基稳定性好、承载力高。

场道工程的地基处理指标，对于承载力的要求并不高，一般湿陷性黄土地基还应以湿陷系数、压实度、孔隙比等作为处理指标，而地基模量与承载力指标在处理后均能满足场道的设计要求，可不必将其作为处理指标。

5.4.5　小结

强夯法具有作业有效且经济等优势，被广泛应用于机场地基处理工程中。参考《民用机场岩土工程设计规范》MH/T 5027—2013，总结其设计流程大致为：（1）由勘察资料确定不同处理区域的湿陷等级；（2）根据地基处理厚度和剩余总湿陷量两个指标，确定处理试验方案；（3）由地基处理试验检测与室内试验指标综合验算地基处理厚度和剩余总湿陷量两个指标，并最终确定地基处理施工参数。

在设计计算过程中需注意以下两点：（1）在总湿陷量计算中，民航规范对于湿陷系数的压力取值较《湿陷性黄土地区建筑标准》GB 50025—2018 略有不同，民航规定对应的压力为自重压力、填方与道面结构附加应力之和，因此对于不同填方高度情况下，其取值变化较大，也将直接影响剩余总湿陷量的计算；（2）民航规范中对于地基处理厚度的概念不明确，强夯处理工法的处理厚度应对应于相应的处理标准，而单纯地提出厚度值，略显不明确；（3）对于强夯有效加固深度的理解，强夯的有效加固深度往往用于提前选取强夯方案，但对于有效加固深度这一概念的理解却各有不同，主要分歧在于“有效性”的评价指标。大致分为两种观点，一种观点认为地基土的控制指标满足设计要求的深度应为强夯的有效加固深度，另一种观点认为消除土层湿陷性的厚度为强夯的有效加固深度。从设计的角度出发，两种观点具有共性，从前期设计考虑，建议采用后者，毕竟设计计算的指标之一即为剩余湿陷量。以下给出总结得到的一些文献中强夯处理参数与有效加固深度的对照表（表 5-7）。

强夯处理参数与有效加固深度的对照表　　表 5-7

序号	干密度 /（g/cm^3）	孔隙比	含水率 /%	夯击能 /（kN·m）	有效处理深度 /m	备注
1	1.4	1.00		2000	4.6	陕北某高填方机场
2	1.4	0.90		4000	5.7	
3	1.4	0.95		6000	9.7	
4	1.5	0.82	16.5	2000	6.8	山西某机场
5	1.4	0.88	8.1	1600	＞2.0	青海某机场
6	1.5	0.85	17	800	4.0	辽西某公路
				1200	4.0～4.5	
				1600	6.0	

第6章 盐 渍 土

盐渍土是盐土和碱土以及各种盐化、碱化土壤的总称。通常把地表 1 m 以内易溶盐含量大于等于 0.5% 的土，称为盐渍土。盐渍土主要分布在内陆干旱、半干旱地区，滨海地区也有分布。全国盐渍土面积约为 100 万 km^2，其中现代盐渍土面积约 37 万 km^2，残余盐渍土约 45 万 km^2，潜在盐渍土约 18 万 km^2。青海省格尔木机场、甘肃省敦煌莫高国际机场、新疆维吾尔自治区克拉玛依机场都建设在盐渍土地区上。

盐渍土地区的机场、铁路和公路普遍存在着由盐胀、溶陷和腐蚀导致的各种工程病害，常见的有道面沉陷、道面盐胀、路面翻浆和道面腐蚀等。目前盐渍土地基处理方法主要分为四类：密实土体法、隔断水分法、换土垫层法和改性固化法。

6.1 盐渍土的形成与特性

6.1.1 盐渍土的成因及条件

盐渍土是土体地表的水分蒸发后，盐分析出聚集于地表形成的，主要有以下几种形式：

1. 由含盐的地表水蒸发形成

在干旱地区，每当春夏冰雪融化或骤降暴雨后，形成的地表径流会溶解沿途中的盐分。水分蒸发后，水中盐分被留在地表或地表以下一定范围的深度内从而形成盐渍土，如戈壁滩中的盐渍土。

2. 由含盐的地下水形成

地下水中含有盐分，通过土的毛细管作用上升，地表蒸发使毛细水中的盐分析出。其积盐程度取决于地下水位的深度、毛细水的升高、地下水的矿化度或含盐量以及土的类别和结构等，其含盐成分与地下水基本一致。

当地下水位低于一定深度时，不会形成盐渍土。此深度称为盐渍化临界深度。根据多年观测，黏性土的临界深度一般约在 3～4m，砂土中则约在 1m 以内。

3. 由含盐海水形成

滨海地区经常受到海潮侵袭、海风携带海水和海水倒灌，经蒸发后，盐分析出积留在土中，形成盐渍土。其最大特点：一是其含盐成分与海水一致，都是以氯化钠为主；二是含盐量除表层土稍多外，表层以下土层都含有一定量的盐分，而且比较均匀。

4. 由盐湖、沼泽退化形成

内陆盐湖或沼泽退化干涸，生成大片的盐渍土。例如新疆塔里木盆地的罗布泊，历史上曾是我国第二大咸水湖，因塔里木河上游建水库截流，在极端干旱的气候条件下干涸，变成盐渍土和盐壳。

5. 其他成因

我国西北干旱地区，大风将含盐的砂土吹落到山前戈壁和沙漠以及倾斜平原处，积聚成新盐渍土层。亦有不少植物从很深的土层中汲取大量盐分，积聚在枝干中，枯死后盐分重新进入表层土中。

6.1.2　盐渍土的工程性质

相较于非盐渍土，盐渍土亦由三相组成，但固相部分除土颗粒外，还有较稳定的难溶结晶盐和不稳定的易溶结晶盐；液相部分是盐溶液，而非纯水。因此，当土中的水分变化时，盐渍土的三相组成就会发生明显的变化。

当有足够多的水浸入盐渍土时，结晶的易溶盐将会溶解而变成液体，且伴随土体结构的破坏和土体的变形，即通常所说的溶陷。相反，当水分蒸发，易溶盐逐渐结晶，此时土体也会产生结构的破坏和体积的变化，即为盐胀。由于盐的溶解度是随温度变化的，常发生易溶盐的溶解或结晶，同样会使土体的结构发生破坏和体积的变化，对工程产生危害。

1. 盐渍土的溶陷性

天然状态下，盐渍土在自重压力或附加压力的作用下，受水浸湿时产生的变形称作盐渍土的溶陷变形。

对于饱和盐渍土，并且地下水位较高，盐渍土并不具有盐溶的特点，所以分布在沿海地区的盐渍土没有溶陷的特性。而具有溶陷特性的盐渍土，一般分布在我国的西北地区，气候干燥，年蒸发量高达3000mm以上，而年降雨量小于200mm，相对湿度只有40%。

盐渍土的溶陷主要是由于土中盐分的溶解，土结构胶结链被破坏导致的。溶陷沉降主要以溶陷系数来描述，从而可计算溶陷沉降量。

2. 盐渍土的盐胀性

盐胀性是指盐渍土中无水晶体吸收水分子体积变大的过程，主要发生在硫酸盐渍土中。如，当温度小于32.4℃时，Na_2SO_4的溶解度随温度的升高而增大。在昼夜温差较大的地区，土体会产生“膨胀”和“收缩”变化。夜间气温较低时，Na_2SO_4的溶解度较小，容易形成Na_2SO_4过饱和溶液。这时盐分从溶液中析出成为硫酸盐结晶体（$Na_2SO_4 \cdot 10H_2O$），其体积增大三倍多，土体发生膨胀。而在昼间温度升高时，其溶解度增大，该结晶体又会很快溶于土溶液中，使土的体积缩小。如此反复胀缩，使土体结构遭到破坏。

我国西北部地区常由于年温差引起盐渍土地基膨胀破坏。夏季高温，土中的水分被蒸发，土中较深部位的结晶 $Na_2SO_4 \cdot 10H_2O$ 往往失水而变成无水芒硝。受到地下水位的变化及地表径流的影响，原处于极干燥状态的土中含水率发生变化，当温度降低时，无水芒硝就会结合水分子形成 $Na_2SO_4 \cdot 10H_2O$ 结晶，体积膨胀。

3. 盐渍土的腐蚀性

盐渍土具有腐蚀性，其中硫酸盐盐渍土腐蚀性较强，氯盐渍土和碳酸盐渍土具有一定腐蚀性。盐渍土对道面或土基的腐蚀，大致可分为物理腐蚀和化学腐蚀两种。在地下水位深或地下水位变化幅度大的地区，物理腐蚀相对显著；而在地下水位浅且变化幅度小的地区，化学腐蚀作用显著。

（1）物理腐蚀

易溶盐通过毛细管作用，侵入道面结构层的基层或面层。受辐射与大气条件的影响，盐类不断以结晶析出，体积膨胀产生较大内应力，导致道面由表及里逐渐疏松剥落。

（2）化学腐蚀

化学腐蚀分两种类型，其一是溶于水中的 Na_2SO_4 与水泥水化后生成的游离 $Ca(OH)_2$ 反应，生成 NaOH 和 $CaSO_4$，NaOH 易溶于水，其水溶液通过毛细作用，到达道面表面，与空气中的 CO_2 接触，生成 Na_2CO_3。Na_2CO_3 结晶时体积膨胀，使道面表面形成麻面或变得疏松。其二水中硫酸根与混凝土中的碱性固态游离石灰和水泥中的水化铝酸钙相化合，生成硫铝酸钙结晶或石膏结晶。结晶导致体积增大，产生膨胀压力，使混凝土受内应力作用而破坏。

6.2 盐渍土理论进展

6.2.1 盐渍土溶陷性

当盐渍土地基遭水浸湿时，地基受荷产生压密沉降 s_1。当浸水时间较短时，少量的水分使土中部分或全部盐结晶溶解，导致土体结构破坏、强度降低，土颗粒重新排列，孔隙减小而产生溶陷 s_2。在浸水时间较长，浸水量较大而造成渗流的情况下，盐渍土中的部分固体颗粒将被水流带走，产生潜蚀，使土的孔隙增大。土将产生附加溶陷变形，这部分变形可称为“潜蚀变形”。由水的渗流而造成的潜蚀溶陷是盐渍土溶陷的主要部分。如图 6-1 所示。

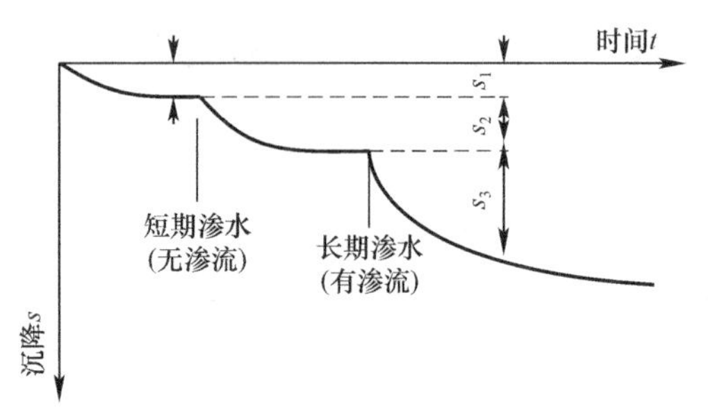

图6-1　盐渍土地基浸水溶陷引起建筑物基础的沉降曲线

s_1—建筑物荷载产生的沉降；s_2—盐结晶溶解产生的沉降；s_3—渗流引起的潜蚀溶陷

1. 潜蚀溶陷与压力的关系

在没有附加压力（$p=0$）的情况下，盐渍土在自重作用下，也能产生溶蚀溶陷。B·Π·别特鲁亨提出潜蚀溶陷系数δ与压力p的关系式如下：

当$C>30\%$时，

$$\delta = \alpha_0 p^{v_0} \quad (6\text{-}1)$$

当$C\leqslant30\%$时，

$$\delta = \alpha_0 (p-p_0)^{v_0} \quad (6\text{-}2)$$

式中：α_0、v_0——与石膏含量有关的两个参数，由图6-2、图6-3查得；

p_0——产生潜蚀溶陷变形的压力极值，$p_0=0.062\text{MPa}(C=10\%)$；$p_0=0.05\text{MPa}(C=20\%)$；$p_0=0.025\text{MPa}(C=30\%)$。

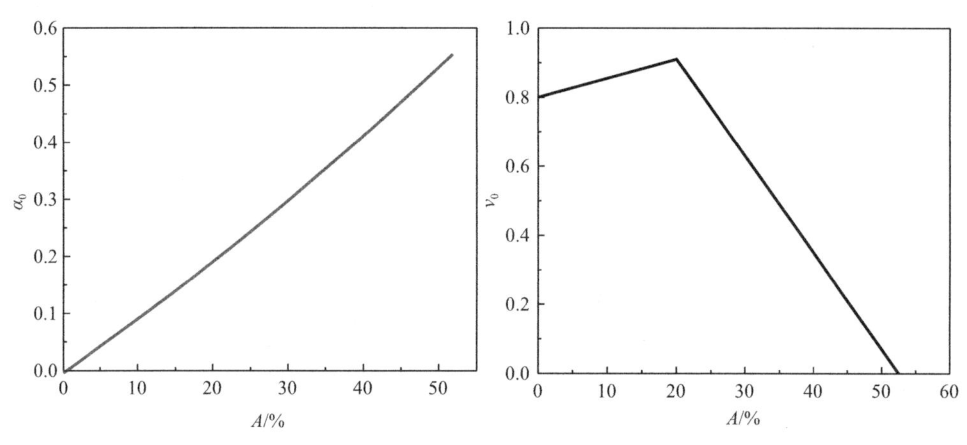

图6-2　参数α_0与石膏含量的关系

图6-3　参数v_0与石膏含量的关系

2. 潜蚀溶陷的起始压力

当土中应力小于产生侵蚀溶陷的压力极值p_0时，盐渍土不溶陷，所以就可以把p_0看作潜蚀溶陷的起始压力p_0，但工程上往往容许建筑物有一定的沉降，所以把溶陷系数$\delta_0\leqslant0.01$的盐渍土定为非溶陷土，故把p_0提高一些，成为溶陷的起始压力p_s，即令$\delta=0.01$代入式（6-1）和式（6-2），即相应的溶陷起始压力分别为：

当$C>30\%$时，

$$p_s = \left(\frac{0.01}{\alpha_0}\right)^{\frac{1}{v_0}} \tag{6-3}$$

当 $C \leqslant 30\%$ 时，

$$p_s = p_0 + \left(\frac{0.01}{\alpha_0}\right)^{\frac{1}{v_0}} \tag{6-4}$$

3. 盐渍土潜蚀计算

盐结晶溶解后形成的盐溶液，其迁移规律由两种完全不同的机制控制，一是介质中存在不同浓度盐溶液产生分子扩散，溶质（盐分子）由高浓度向低浓度扩散，其速度与溶液浓度的梯度成正比，另一方面盐分子随渗流由高水头处向低水头处迁移，这两种盐分子的迁移方向通常是相反的。

盐粒的分散度高、比表面积大，它与土粒的接触面积小，则盐的溶滤容易发生，潜蚀的速度也快。盐溶液的扩散系数 D 不仅与速度有关，且同土介质有关，土的均匀性，是否各向同性以及有无封闭气泡存在，都对扩散系数有影响。

目前可用来计算盐渍土潜蚀的理论方法是维里金提出的，在满足一定假设前提下，他将盐的溶解、盐的扩散和盐溶液的渗流三个过程结合在一起，用一个微分方程来表达。

4. 盐渍土溶陷变形

目前，国外和国内在确定盐渍土地基的溶陷变形或建筑物基础沉陷时，采用常规的工程实用方法。对于可取得规整形状的原状盐渍土（如黏土、粉质黏土和粉土等），宜采用室内压缩试验来测定其溶陷系数；现场浸水载荷试验适用于各类土层，特别是碎石类土；对于无法取得规整原状土，又无条件进行现场浸水荷载试验时，可采用液体排开法来测定其溶陷系数。

在多层土地基中，用不同方法测得各盐渍土层的溶陷系数 δ_i 后，均可按下式计算盐渍土的溶陷变形

$$s = \sum_{i=1}^{n} \delta_i h_i \tag{6-5}$$

式中：δ_i、h_i——第 i 层的溶陷系数及其厚度；

n——基础底面以下地基潜蚀溶陷范围内的土层数目。

6.2.2 盐渍土盐胀性

盐渍土的盐胀与膨胀土的膨胀机理不同，膨胀土的膨胀主要由于土中含有的

亲水性黏土矿物吸水后导致土体膨胀；但是，盐渍土的膨胀更多的是因为失水或温度降低导致的盐类结晶膨胀（如硫酸盐渍土）。影响硫酸盐渍土膨胀的主要因素有：

1. 温度的影响

硫酸钠在土中呈液态，当温度下降到 10℃时，晶体硫酸钠含量从零猛增到 61.8%，下降到 0℃时已达到 80% 以上。由于硫酸钠相态的变化（由液态变为固态）量较其他的多，所以，造成的膨胀量较其他的更大。不同含盐量的试样，除起始膨胀温度稍有差异外，膨胀随温度变化曲线的趋势基本一致。一般在 15℃左右开始有膨胀现象，至零下 6℃时，膨胀量基本趋于稳定，并且在 -6～0℃的范围内，膨胀变化的速率最大，占总膨胀量的 90% 以上。

2. 含水率的影响

国内的研究者用最优含水率接近 15% 的土试样进行过膨胀量与含水率的关系试验，发现当土中含水率大于或小于土的最优含水率时，膨胀量都有不同程度的降低，这是因为在最优含水率时，土容易达到最佳夯实密度，此时土的孔隙度较小，一旦发生盐胀，孔隙度相应较大，此时即使发生盐胀也有限填充土中孔隙，不易使土体产生膨胀。

3. 含盐量的影响

盐渍土中硫酸钠含量的多少是决定膨胀程度的主要因素。国内对硫酸盐膨胀性方面的研究，主要侧重于膨胀对路基的危害。研究结果表明，含硫酸钠在 2% 以内时，路基的膨胀较小，当超过这个标准，膨胀量则迅速增加。硫酸盐渍土发生盐胀主要因土体中含有 Na_2SO_4。当其遇水时将吸收 10 个水分子变成芒硝晶体，其分子式为 $Na_2SO_4 \cdot 10H_2O$，此时结晶后的 Na_2SO_4 的体积为无水 Na_2SO_4 的 3.11 倍。

6.2.3　盐渍土腐蚀性

盐渍土腐蚀涉及化学作用、电化学作用、物理作用和微生物作用等。物理腐蚀是指盐类在干湿循环条件下产生结晶，由于体积膨胀而产生自应力，造成混凝土的开裂和剥落。化学腐蚀是指溶液通过混凝土的微小裂缝向内部渗透，酸性物质破坏混凝土的保护层并使得钢筋表面钝化和锈蚀，造成钢筋体积膨胀，加快道面开裂；碱性物质与水泥水化产物发生化学反应，生成的化学产物使得体积增大。酸性土不论是对金属还是非金属都具有腐蚀性，其酸性越大，腐蚀性越强；碱性土根据材料的不同腐蚀性有所差异；中性土腐蚀性较小。

水是金属腐蚀的必要条件。尤其是水位常发生变化的地区，材料常处于干、湿交替条件下，腐蚀危害更为明显。

氯离子半径较小，具有很强的穿透能力，对于钢筋具有较强的破坏力，其作用机理包括破坏钝化膜、形成腐蚀电池、去极化作用和导电作用等。故氯盐地区不适合含有钢筋的工程，如钢板桩、CFG 桩和钻孔灌注桩等。

6.2.4　盐渍土的水盐运动

水盐运动是指土体中盐分随水迁移的过程。降水是影响水盐运动最主要的因素，在雨季和旱季，土中水分将在竖直方向上发生季节性更替迁移，土中易溶盐会随水分迁移呈现规律性发展。以北方某地区为例，水盐动态可划分为五个阶段：3—5 月降水少，表面水分强烈蒸发，表面土体不断积盐；6 月相对稳定；7—8 月雨水较多，易溶盐溶于水，土中盐分减少；9—11 月蒸发能力弱，但水位下降又导致积盐；12—第 2 年 2 月相对稳定。

温度对于水盐迁移也具有较大影响，随着温度的升高，水分子运动更加活跃，土体表层蒸发加快。土性的不同也对水分迁移速度有影响，相同情况下，砂土冻层中的含盐量约为黏土的 2 倍。在没有水分补给的情况下，较大初始含水率的土层，沿深度方向含水率呈先增后减趋势；初始含水率小时，各深度含水率变化不大，且地下水位越深，水分迁移越不显著。

不同类型的冻土其水盐运动有所不同，对于多年冻土，深部土体存在两年以上的冻结，而表层几米会发生夏融冬冻。季节冻土只有表层几米会发生夏融冬冻，深部土体不冻结。与多年冻土相比，季冻土的水盐运动更加活跃，季冻土冻融过程中，水盐将在竖向重新分布。冻结过程中，竖向土体分为冻结层、正冻层和非冻层。由于表层土体为负温，在温度梯度作用下土中水分不断向冷端迁移，形成冻结层。而地表的冰存在升华现象，故地表的含水率（含冰）反而较低。地下 0℃左右的位置为正冻层，其厚度约 20～30cm，该层中的水分会向冻结层补给，故含水率降低。在有地下水补给的情况下，含水率从大到小分别为冻结层、非冻层和正冻层。总的说来，冻结过程由于水分上移，上部土层将不断积累盐分，冻土层含盐量明显增加。融化过程中，土体表层的水分迅速蒸发，上部土体消融的水分将向上迁移，故表层土体（10cm 内）的含盐量急剧增加，容易出现反浆和反盐现象；冻土下部消融水下渗，含盐量下降明显，而中部冻土含盐量变化不大。

6.3　盐渍土机场地基处理

6.3.1　盐渍土机场与公路的差异

机场工程具有大面积覆盖，施工要求严苛等特点，与公路工程的施工建设有明显不同。因此，对于盐渍土地基处理的要求也是不同的。

与公路工程相比，盐胀与溶陷对机场道面的影响更显著。这是因为公路对于路面平整度的要求相对较低，即便几米至几十米范围内有较严重病害，也不会影响其使用，出现工程灾害后半幅断交修复即可。而机场道面对于道面平整度的要求比较严苛，相同盐胀或者溶陷造成的道面错台、断板或其他局部危害，都将对飞机的安全运行产生极大威胁，且场道的修复涉及不停航施工，修复成本较高，因此对建设期地基处理的要求更高。

为保证排水性能良好、路基相对稳定，盐渍土地区公路设计中应尽量避免挖方。而场道的土面区和跑道几乎平齐，这是因为飞机滑行不允许周围有凸起，以防飞机滑出道面引起灾害，这种形式对排水有一定影响。正是由于机场工程道面区与土面区几乎平齐，造成水盐运动的独特性。公路路基的水盐运动主要是竖向的，而机场区域不仅有竖向水盐运动，也有水平向水盐运动。机场跑道、升降带、滑行道及停机坪等区域，由于道面的覆盖，水分蒸发得到抑制，削弱了水盐运动。相比道面区，土面区的水盐运动较强，积盐程度较高；道面区由于“锅盖效应”道面下存在大量水分，造成水分由道面区向土面区迁移，而盐分由土面区向道面区迁移。

公路一般呈线性分布，跨越的区域大，各个区域的工程地质和水文地质可能相差很大。而机场一般呈面状分布，跑道的长度也就几公里，覆盖的范围很有限。故在地基处理过程中，可以采取一定的措施封闭机场，截断地下水的潜入路径，使机场形成一个“孤岛”，减少水分和盐分的入侵，从而降低盐渍土对机场的危害。

6.3.2　盐渍土工程常见问题

地下水位的季节性变化会导致土体中盐分的转移，并加速土体孔隙的形成，使土体变得疏松，飞机荷载作用下，机场道面易发生局部塌陷。

温度变化的影响不可忽视，冬季温度降低，硫酸盐渍土溶解度降低，硫酸盐结晶，体积增大形成盐胀，土基内的盐胀可形成道面错台、鼓胀和开裂；气温回升后，盐分结晶体脱水溶解，体积减小，又导致道基土体疏松。此外，昼夜温度变化也会引起土体的反复盐胀和收缩，使得土体结构疏松多孔。

氯盐的存在会降低土体中溶液的冰点，若道基处在潮湿或饱和状态，道基土体内会形成包浆。冬季受冷结冰时，地下水通过毛细作用上升，水分在临界冻结深度聚集，盐分结晶发生盐胀；春季升温盐分脱水造成爆发式积盐，可造成严重翻浆。

地下水对混凝土和钢筋均具有腐蚀性，故对于具有强腐蚀性的盐渍土，不宜采用素混凝土和钢筋混凝土桩处理。表 6-1 和表 6-2 总结了盐渍土地基场道的常见病害。

盐渍土对道面材料的影响　　表 6-1

材料类别	影响
沥青	氯盐含量＞3%，硫酸钠含量＞2% 时，随盐量增加，沥青的延展度下降
水泥	氯盐含量＞4%，硫酸钠含量＞1% 时，对水泥产生腐蚀，硫酸钠结晶的水化物更严重，造成剥落掉皮；但氯盐和石膏含量较少时，反而加速水泥硬化
钢筋	盐类与金属直接作用，腐蚀材料；在电位差作用下，金属材料产生锈蚀

盐渍土对道基的影响　　表 6-2

盐渍土类别	影响
硫酸盐	对于浅层土，在昼夜气温变化影响下，溶解度发生变化，重复膨胀和收缩，导致土体结构疏松，密度减小 对于深层土，季节性气温变化影响下，季节性膨胀，路面隆起
氯盐	氯盐溶解度大，且不受温度影响，土体容易因雨水崩塌
碳酸盐	含量较大时，吸附性离子作用，呈现高的膨胀性和塑性
其他盐	当水分补给充足时，低温条件下，土体冻结，温度回升后冰层消融，土质含水率增大，形成翻浆冒泥

6.3.3　盐渍土地基处理技术

盐渍土地基处理应根据含盐类型、含盐量、分布状态以及路面设计要求确定。目前，常规的处理方法主要有换填法、强夯法、浸水预溶法等，这些处理方法在国内外得到了广泛应用。但总体而言，大多数处理方法在初期是有效的，之后会出现不同程度的工程问题，有关盐渍土地基处理的研究还需进一步深化。而机场盐渍土地基处理与公路、铁路又有很大不同，不能完全照搬其他基建领域的经验，设计过程中需结合机场的特殊性。

1. 强夯法

对于粉土和黏土，由于粒径较小，比表面积大，吸附力强，水分排出困难，强夯法可与其他处理方式结合使用。如碎石裹体桩，将碎石桩围在土工布内，限制碎石侧向位移，不仅通过挤密提高抗液化能力和承载力，更重要的是形成排水通道快速排出水分。或者强夯 + 沉管碎石桩，通过置换挤密，排水减压，加速固结，从而提高土体的工程性能。碎石桩具有较好的排水和抗腐蚀性，强夯法充分利用原土进行夯实，符合就地取材和充分利用原土的处理原则。

2. 浸水预溶法

可使土体的内部结构改变，一定程度上降低土体的含盐量，但处理过程中需要大量的用水，如果施工场地缺乏地表水和地下水，实施起来会有较大难度。浸水预浴常结合预压法一起使用，优势为工程费用低，符合环保要求，但对于工期要求严格的工程不宜使用。浸润 + 挤密桩法常用于湿陷性黄土的处理，工期较短，施工技术也成熟，工程费用相对较高，但在盐渍土中的应用实例较少，其处理效果尚待时间检验。需要说明的是，土体只有浸润在最优含水率附近，才能达到理想的挤密效果。

3. 换填垫层法

对厚度不大的盐渍土地基，可以将盐渍土挖掉，然后换填非盐渍土，建设中对回填土的强度、稳定性和抗腐蚀性有较高要求，可采用砂、碎卵石、素土、灰土、煤渣和矿渣等材料。

换土深度需超过有效的溶陷性土层厚度，若盐渍土厚度和面积较大，换填法处理起来是不经济的。场道施工属于大面积作业，若需要处理的盐渍土土层比较厚，则挖填量过大，采用换填法成本会很高。

当工程场地地下水位较浅，而工程对承载力和变形又要求严格，仅浅层换填可能无法满足设计要求。可采用复合土工膜 + 换填法的形式，土工膜为不透水材料，将填土隔离可防止水分入渗土基中，此方法技术简单、施工速度快，对周围环境影响较小，经济效益显著。隔断层法一般应用于中强盐渍土地段，特别是硫酸盐渍土地基，受地下水毛细作用影响的路基。2016 年交付使用的甘肃敦煌机场新建 T3 航站楼，即采用该方法处理盐渍土地基，大幅缩短了施工工期。盐渍土地基常发生道面翻浆，一般出现在春季，冰雪融消时期。对于小面积翻浆，一般采用去掉局部道面，打砂桩或大粒径卵石填筑。对于对大面积翻浆，需要更换基层、垫层的土体，因地制宜填筑粗粒材料。

4. 化学方法

对于硫酸盐土基因盐胀、溶陷引起的局部破坏，可采用化学方法处理，主要是添加氯化钙，其与硫酸根离子反应生成不易溶盐，其化学反应方程式为：

$$Na_2SO_4 + CaCl_2 = CaSO_4 + 2NaCl \tag{6-6}$$

$CaSO_4$ 微溶于水且性质稳定，膨胀性很小，大量的硫酸钙生成会堵塞毛细通道，从而减缓硫酸盐通过毛细作用进入土体。孔隙水中含盐量增加，盐溶液饱和后以晶体形式析出，可填充土体孔隙并胶结土颗粒起到骨架作用，一方面可提高土体的强度指标，包括内摩擦角和黏聚力；另一方面，盐晶充填可增强土层致密性，从而降低土体的渗透系数，并在较大程度上减小土体的溶陷量。施工过程中氯化钙的添加量需要通过试验测出，首先检测单位土体中硫酸根离子的含量，通过化学反应方程加入与治理区域内等量摩尔数的氯化钙，工程实际中添加量比理论计算略多。

5. 水盐控制

我国西北地区如青海、新疆等地有大面积的盐渍土，成分主要为氯盐和硫酸盐，对工程的危害以溶陷和盐胀为主，硫酸盐渍土主要危害在盐胀。在场道设计中，需要考虑干旱地区水分蒸发和降雨引起的土体物理力学性质变化；土质区与道面区积盐程度不同可能引发接壤处道面不平整；局部的高含盐量土或高密实土将引起局部强盐胀；盐分迁移到上部混凝土道面引起鼓胀、断裂等病害。在机场场道区域内，水盐在永不停息地运动，土面区与道面区，不同土层间水盐不断动态平衡，在迁移过程中影响着土基的工程性质。

要较好地处理盐渍土地基，控制土基中水分的迁移方向，从而减缓水盐运动影响是值得探索的方向。盐随水来，水走盐留，通过设置防洪沟、排水沟等设施，降低机场的地下水位，并采取一定的隔离措施截断地下水向机场的侵入。即一定程度上将机场与周围环境隔离，形成封闭的存在，可从源头上阻止水盐的侵入，降低对机场影响。

上述处理方法中，强夯、换填、化学处理、洗盐或用土工膜彻底隔离，均有其局限性。强夯、换填等方法没有阻止水盐运动，其处理效果具有暂时性，土工膜等隔断了水分上升通道，但水分积聚在膜的下面，并未排出，亦难以奏效。现有技术仍较难一劳永逸地根治盐渍土对机场道面的危害，故设计过程中需考虑堵疏结合的综合手段，使道面达到预期使用寿命。

6.4 工程案例

6.4.1 工程概述和地质条件

库车机场位于库车县城西南约 8km，飞行区等级为 4C，跑道长度 2600m。

地表 1m 深度内含盐量一般大于 0.3%，为亚硫酸-硫酸中盐渍土。主要受场区蒸发量大、降雨量小、毛细作用强、地下水位高所致。盐渍土具有盐胀性、湿陷性，湿陷性等级为Ⅰ级非自重湿陷。

场地地下水及场地土对混凝土均有强腐蚀性，对钢筋混凝土结构中的钢筋均有中等腐蚀性。场地土对钢结构有弱腐蚀性。

6.4.2 存在的岩土问题

场地处于盐渍土区域，具有盐胀性和湿陷性，且地下水埋深较浅，对工程材料具有较强腐蚀性。

6.4.3　处理方案

1. 抬高道槽标高

由于库车县处于VI_2区（公路自然区划标准），且场区地下水位埋深较浅（埋深1.0m）。结合《民用机场水泥混凝土道面设计规范》MH/T 5004—2010的相关规定及水位变化幅度，为保证土基强度和稳定性，确定飞行区道槽的槽底标高应至少高于勘察地下水位3.1m。

2. 基底处理

场地地层主要由粉细砂、粉土、中砂等构成，承载力特征值在115～150kPa之间。由于场地表层1m范围内土层均为强盐渍土且有大量的芦苇根茎分布，故需首先铲除1m厚表层土，并继续向下清除直径大于0.5cm的芦苇根系。

由于清除1m厚表层土后，其下3.5m深度范围内粉细砂、粉土层密实度和承载力均不满足机场场道工程对土基的要求，故采用150t·m能级进行强夯处理。为便于大面积强夯施工，强夯的夯位排布为正方形，夯位中心距为3m，排距为3m。

强夯施工时应采用圆形夯锤，并设有不少于4个上下贯通的排气孔，直径在0.25～0.30m之间。第一遍跳夯（150t·m），每夯位不少于12击，最后两击平均夯沉量不超过4cm，否则加击；第二遍跳夯（第一遍夯后剩余的夯位，150t·m），每夯位不少于9击，最后两击平均夯沉量不超过4cm，否则加击；第三遍搭接拍夯（150t·m），夯痕压叠1/3，每痕连夯3击。拍夯施工完成后，应整平地表并用18t以上双驱振动压路机进行表面碾压。

3. 隔断层设计

场地表层1.0m范围内含盐量较高，以硫酸、亚硫酸盐渍土为主，为阻断地基底层水分和盐分向上迁移，防止盐胀、沉陷、翻浆等病害的发生，需在道槽底部设置隔断层。常用的隔断层有砾（碎）石隔断层、风积砂或河砂隔断层、土工布隔断层、沥青砂隔断层等。考虑到工程的水文地质、地方材料的来源等条件，以及机场工程的特点（如横断面宽度大，一般在200～300m之间，道面土基两侧无临空面；飞机起降荷载大，病害发生后不停修复航施工难度大等），经比较分析后，采用土工布包裹砂砾石隔断层（图6-4）。在槽底设计标高下1m处设置两布一膜的复合土工布，其上铺设1m厚级配砂砾（要求含盐量小于0.3%，粒径2～53mm），并用复合土工布将其侧壁包裹，在整个地基处理范围内形成连续的防水隔盐层，可有效隔离基底及侧壁水分、盐分等进入道槽底部，与砂砾石隔断层共同作用，起到双重隔离的效果，安全度较大。

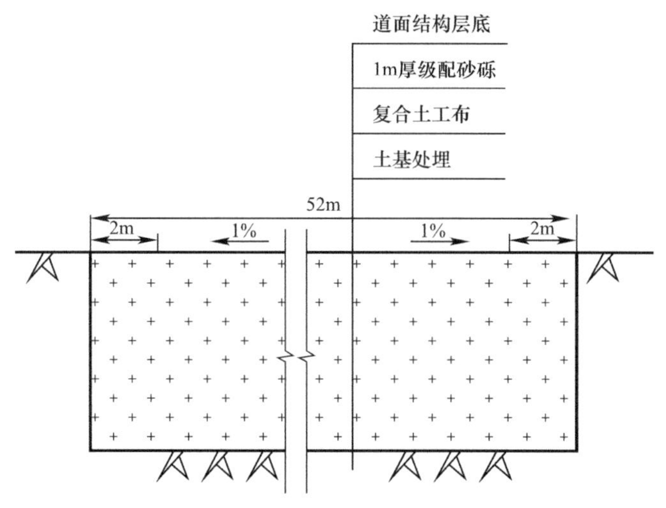

图 6-4 土工布包裹砂砾石隔断层结构图

跑道纵坡设计为由东向西全长降坡，在跑道东西两端端部处的土工布均设置开口，以避免施工期间的雨水、养护用水等进入隔断层内后形成积水。

隔断层土工布应采用两布一膜复合土工布，土工布技术指标见表 6-3。

两布一膜复合土工布技术指标表　　表 6-3

膜厚 /mm	单位面积质量 /(g/m^2)	耐静水压力 /MPa	断裂强度 /(kN/m)
≥0.3	≥600	≥0.6	≥10
CBR 顶破强度 /kN	撕裂强度 /kN	断裂伸长率 /%	剥离强度 /(N/m)
≥1.9	≥0.32（梯形）	≥50	>6

土工布铺设前，应对土基表面进行清理平整，表面坡度及平整度均应符合土基设计要求，并严禁有坚硬棱角的砾（碎）石等凸出。土工布铺设完成后，严禁人、机械在其上行走；并尽快在土工布上设置厚度不小于 5cm 的细砂保护层，细砂保护层采用人工摊铺，以防砂砾石铺设及碾压时将土工布刺破。

土工布宜全断面进行铺设，表面应平展紧贴原地面，接头时应低的一幅接头在下，高的一幅接头在上，搭接宽度不小于 0.2m，采用热焊法连接。

4. 土基填筑

场址附近有一砂丘，拥有丰富的砂土资源，故采用细砂填筑隔断层以下的土基，要求压实度不小于 95%，细砂中含盐量不得高于 0.3%。

用作土基填筑的细砂及用作隔断层的级配砂砾石应严格控制含盐量、粒径、含水率等质量指标。填筑应采用机械化施工，振动压路机进行压实，分层填筑每层松铺厚度不大于 0.35m，压实标准按重型击实最大干密度进行控制。

土工布上第一层级配砂砾石应采用进占法填料、平铺，碾压时应先静压，再微振，最后强振，以保证填料的压实度、稳定性以及对土工膜的保护。

土工布及隔盐层施工完成后，应采取适当措施防止两侧土面区雨水流入土工布内的砂砾包裹体中。其上的水稳基层分段施工养护时，应保证养护用水不从其端部流人土工布内的包裹体中。

6.4.4　处理效果

施工过程中应加强对道槽土基填料的含盐量、含水率、均匀性以及强夯土基压实度的检测，抽检频率为：细砂填料每 1000m^3 填料不少于 1 组，砂砾石隔断层填料每 500m^3 填料不少于 1 组，每组分别取 3 个土样进行含盐量和含水率的分析。填筑压实度检测每层每 1000m^2 不少于 1 点。强夯土基每 3000m^2 开挖不少于 1 处探井，检测终夯面以下 3.5m 深度内的密实度。经检验，强夯处理后夯沉量平均为 0.5m，3.5m 深度以内土基密实度较夯前提高 20%～30%。

机场道面经过 2 年多的运行使用，没有出现因盐渍土作用引起的相关病害，处理措施效果良好，可为类似机场的地基处理提供一定的参考。

第7章 膨 胀 土

中国是世界上膨胀土分布面积最大的国家之一，已超过10万km^2，遍及云、贵、鄂、豫、冀和鲁等22个省级行政区。我国已建成投运的成都双流国际机场、合肥新桥国际机场、武汉天河国际机场、安康机场、宜昌三峡机场和云南文山普者黑机场等均建在膨胀土地区。随着民航业的快速发展，建设在膨胀土地区的机场也会日益增多。

膨胀土的黏粒成分中蒙脱石等强亲水性矿物占主导地位，遇水时会吸水膨胀，干燥时会失水收缩，“天晴张大嘴，雨后吐黄水”，一定程度概括了膨胀土的特性。膨胀土在干燥时强度较高，遇水后强度降低，随着吸水失水次数增加，结构可能会发生破坏。在机场建设和运营中，膨胀土地基下陷可导致道面地基与基层之间出现空隙，飞机荷载作用下面层破损，易引起道面起伏不平、开裂和软化等问题。目前针对膨胀土的地基处理方法主要有夯实法、换填法、土性改良法、保湿法和土工织物加筋法等。

7.1 膨胀土的形成与特性

7.1.1 膨胀土的成因及条件

根据膨胀土形成类型，可将膨胀土分成残积成因膨胀土，河流冲积成因膨胀土，湖积成因膨胀土，洪积成因膨胀土和冰水成因膨胀土，此外还有海相沉积膨胀土。

我国膨胀土的成因多以冲积、湖积和混合成因为主（表7-1），海相成因的较少。

我国膨胀土主要成因类型　　表7-1

地区		膨胀土成因类型	母岩或物质来源	地质时代	膨胀土分布地貌单元
云南	鸡街	冲积、湖积	第三纪泥岩、泥灰岩	N_2～Q_1	二级阶地及残丘
	曲靖	残坡积、湖积	第三纪泥岩、泥灰岩	N_2～Q_1	山间盆地及残丘
贵州	贵阳	残坡积	石灰岩风化残积物	Q	低丘缓坡
四川	成都、南充	冲积、洪积；冰水沉积	黏土岩、泥灰岩风化物	Q_2～Q_3	二、三级阶地

续表

地区		膨胀土成因类型	母岩或物质来源	地质时代	膨胀土分布地貌单元
四川	西昌	残积	黏土岩	Q	低丘缓坡
广西	南宁	冲积、洪积	泥灰岩、黏土岩风化物	Q_2～Q_4	一、二级阶地
	宁明	残坡积	泥岩、泥灰岩风化物	N～Q_1	盆地中波状残丘
	贵县	残坡积	石灰岩风化物	Q	岩溶平原与阶地
广东	琼北	残坡积	第四纪玄武岩风化物	Q_2～Q_4	残丘、垄岗
陕西	安康、汉中	冲积、洪积	各类变质岩和火成岩风化物	Q_1～Q_2	盆地和阶地垄岗
湖北	襄阳、郧县、枝江	冲洪积、湖积	变质岩、火成岩风化物	Q_2	盆地和阶地垄岗
	荆门	残坡积	黏土岩风化物	Q_2	低丘、垄岗
河南	南阳	冲积、洪积			
	平顶山	湖积	玄武岩、泥灰岩风化物	Q_1	山前缓坡
安徽	合肥	冲积、洪积	黏土岩、页岩、玄武岩风化物	Q_3	二级阶地垄岗
	淮南	洪积	黏土岩风化物	Q	山前洪积扇
山东	临沂	冲积、洪积、冲洪积	玄武岩、凝灰岩、碳酸盐岩风化物	Q_3	一级阶地
	泰安	冲积、洪积、冲洪积	泥灰岩、玄武岩、泥岩	Q_2～Q_3	河谷平原阶地、山前缓坡
山西	太谷	湖积、冲积	泥灰岩、砂页岩	N_2～Q_1	盆地内缓坡
河北	邯郸	湖积	玄武岩、泥灰岩	Q_1	山前平原、丘陵岗地

膨胀土判别是为了区分膨胀土和非膨胀土，膨胀土分类则是为了划分膨胀土的类别和等级，然后确定设计原则及采取相应工程措施。在膨胀土地区建设过程中，必须准确判断土体膨胀强弱和工程性质，然后才能有效地进行地基处理。

国内外膨胀土分类方法很多，其指标和标准也不相同。本质上，分类和判定指标应是土质决定的，但由于反映土体特性的指标很多，在选取判别标准时，需要确定这些指标的主次和相关性。采用多指标判别时，各指标应反映膨胀土胀缩机理，且各指标间应是相互独立的，如液限和塑性指数、矿物成分和比表面积等，这些指标相互关联，故只能选择其一。

《膨胀土地区建筑技术规范》GB 50112—2013 采用单自由膨胀量指标分类法。自由膨胀率是土粒膨胀特性指标，其测量方法简单。但利用自由膨胀率对膨胀土进行分类经常产生误判，在实际工程中，宜与其他指标相配合，如天然含水率、天然孔隙比等。《铁路工程岩土分类标准》TB 10077—2019 选择了反映膨胀土本质的参数，但需要对蒙脱石含量和阳离子交换量进行测试，需要较好的实验室条件。

7.1.2 膨胀土的工程性质

膨胀土受季节性气候影响会产生胀缩变形，工程性质表现出强胀缩性、多裂隙性和超固结性的三个特点。

1. 强胀缩性

膨胀土中存在亲水性黏土矿物，主要有蒙脱石和伊利石。当膨胀土经历干湿循环时，胀缩变形表现出不可逆性。一般情况下，土体中的蒙脱石含量越高，膨胀性越强。初始干密度越大，初始含水率越小，膨胀率越大。膨胀变形还受干湿循环次数与外部应力条件的影响，随干湿循环次数的增加，相对膨胀率和绝对膨胀率均逐渐减小，荷载的增加会显著抑制膨胀变形。

针对宁明膨胀土开展的直剪试验发现，土体黏聚力随干湿循环次数增加而减小，且第一次循环衰减幅度最大，但内摩擦角受干湿循环次数的影响不明显。针对南宁地区膨胀土的三轴不固结不排水剪切试验表明，膨胀土抗剪强度随干湿循环次数增加而降低，最终趋于稳定，膨胀土的黏聚力和内摩擦角均随干湿循环次数呈双曲线关系衰减。

2. 多裂隙性

膨胀土路基的破坏，多与土中裂隙有关，其滑动面的形成主要受裂隙软弱结构面控制。对于干缩裂隙的形成机理，目前学术界尚无统一的观点。有学者认为裂隙的形成和发展是一个动态的过程，与土中水分的蒸发速率、应力状态和收缩特性等直接相关。吸力和抗拉强度是制约裂隙形成的两个关键力学参数，当土体中的吸力引起的张拉应力超过土体的抗拉强度时，裂隙便会产生。

研究表明，膨胀土边坡失稳有两个显著特征：（1）滑动往往发生在降雨条件下；（2）失稳以边坡浅层滑动为主。这说明膨胀土失稳与雨水入渗有关，但基于室内试验测得的膨胀土渗透系数都极小，理论上雨水很难入渗，这与实际情况相差甚远。实际上，在循环干湿气候作用下，膨胀土边坡上往往发育了大量干缩裂隙，为降雨入渗提供快捷通道，而裂隙延伸深度以下的土体仍然保持较低的渗透系数，雨水难以入渗。雨水积聚于裂隙内，并在浅层形成饱和带，从而容易触发浅层滑坡。因此，研究膨胀土的工程性质时，必须考虑裂隙因素。

3. 超固结性

在干旱环境中，膨胀土水分蒸发，吸力增大导致土颗粒间的有效应力显著增加，土体发生明显的收缩变形，从而导致膨胀土呈现超固结性。表现为天然孔隙比较小，干密度较大，初始结构强度较高。

此外，土体中产生裂隙后，裂隙边壁风化产物会填充裂隙，雨水渗入时发生吸水膨胀，裂隙愈合后产生侧向膨胀力。受循环干湿气候影响，反复胀缩变形使水平侧向应力远大于竖向自重应力，从而也表现出超固结特性。超固结膨胀土路基开挖后，会发生超固结应力释放，边坡与路基面常出现卸载膨胀，并在坡脚形成应力集中区和较大的塑性区，容易导致边坡破坏。

膨胀土的“三性”（强胀缩性、多裂隙性和超固结性）在本质上是相互关联和相互影响的。膨胀土的胀缩变形是导致裂隙发育和超固结的前提条件，裂隙发育程度和几何形态客观上反映了胀缩特性，裂隙发育也对超固结状态的形成过程有一定促进作用，而利用超固结程度亦可对膨胀土在不同荷载条件下的变形规律和裂隙发育状态进行评价。

7.2　膨胀土理论进展

胀缩性是膨胀土最基本的工程特点，但关于膨胀土的胀缩机理目前还未有统一结论，本节介绍郑健龙院士的胀缩微观机理学术思想，以及膨胀土土水特征曲线和强度变化研究进展。

7.2.1　膨胀土胀缩机理

膨胀土的胀缩机理可以从两方面进行讨论，一为黏土矿物晶体自身的胀缩；二是土颗粒间距的变化。

膨胀土的主要黏土矿物由蒙脱石、伊利石和二者混层矿物组成，而对胀缩性质影响最大的是蒙脱石。传统的晶格扩张理论认为土体的膨胀来自：（1）层间阳离子吸取水分子进入层间使之扩张；（2）蒙脱石静电引力吸引极性水分子；（3）水沿着蒙脱石联结较弱的解理面水化。

根据蒙脱石的晶体结构特点，用渗透压扩散理论解释更合适，该理论认为浓度高的粒子将向浓度低的一侧迁移。蒙脱石层间液相与气相间有气液界面，具有收缩势。当用溶液调制土样时，水的介入可能破坏晶层间的平衡状态，这是因为气液界面被液液界面所取代，即原先平衡态时所具有的蒸发收缩势被孔隙中的电解质离子浓度构成的渗透压所取代。如果此时的渗透收缩势与蒸发收缩势相等，则晶格间距不变；如果孔隙液中离子浓度小于该值，水分子进入晶层间使晶层间距增大；若大于该值，则层间水向孔隙内迁移，使得晶层间间距收缩。

黏土的膨胀除了发生在晶层间，亦发生在土颗粒间。黏土中结合水的厚度，特别是弱结合水膜的厚度，主要取决于双电层中扩散层的厚度，而扩散层的厚度则直接受电动电位控制，电动电位又与土中黏土矿物成分以及介质中离子成分和浓度等密切相关。带负电荷的蒙脱石颗粒吸附水化阳离子，在介质中的电动电位比其他矿物都高，特别是钠蒙脱石的电动电位更高，其电动电位随离开颗粒表面距离的增加缓慢下降。蒙脱石矿物颗粒表面双电层扩散层的厚度较大，因而结合水膜厚，水膜“楔”开使得颗粒间的距离增大，故膨胀土的膨胀量必然较大。

对于蒙脱石层间不同阳离子而言，在相近情况下，钠蒙脱石由于吸附离子时被平衡掉的负电荷比吸附钙离子平衡掉的电荷少，故钠蒙脱石介质中电动电位比钙蒙脱石高，扩散层厚度大，结合水膜更厚。所以，一般由钠蒙脱石组成的膨胀土，比由钙和镁蒙脱石组成的膨胀土具有更高的膨胀势。

膨胀土的风化产物中含有较多的 Fe_2O_3 和 Al_2O_3 两性胶体物质，随溶液介质 pH 值的变化，两性胶体显出不同电性。两性胶体不显电性时的 pH 值称为等电 pH 值。介质的 pH 值与等电 pH 值差值愈大，则电荷愈多，电动电位愈高，其扩散层愈厚。蒙脱石的等电 pH 值一般为 2，高岭石的等电 pH 值为 5，伊利石的等电 pH 值在 2～5 之间。而膨胀土中天然水的 pH 值通常为蒙脱石的等电 pH 值最高，伊利石次之，高岭石最小。故由蒙脱石为主的膨胀土电动电位最高，扩散层水膜最厚，膨胀最强烈。

膨胀土能够膨胀与收缩的物质基础是蒙皂类矿物，矿物结晶时，晶体结构中由某种离子或原子占有的位置，部分被性质类似、大小相近的其他离子或原子占有，但晶体结构形式基本不变。此外，同晶置换如土中水云母、蒙脱石等黏土矿物晶体形成时常发生 Al^{3+} 替代 Si^{4+} 或 Mg^{2+} 替代 Al^{3+} 的现象，晶形基本不变，但使得晶体中电价不平衡，产生剩余负电荷。其将吸附极性水分子和阳离子，形成水分进入土层间，实现静电平衡。

综上，不同的黏土矿物表现出不同的亲水特性，伊利石、高岭石仅是一般的亲水矿物，不具备膨胀性的晶层结构，其亲水性分别只有蒙脱石的 1/60～1/10。膨胀土的胀缩特性主要由蒙脱石的含量控制，其膨胀可分为两种类型，一为土颗粒间膨胀，二为晶格膨胀。颗粒间膨胀是在土表面在静电引力作用下在水介质中吸收水分，导致结合水膜厚度增加，这是所有黏土颗粒的共性，这类膨胀一般不引发工程问题。晶格膨胀是具备膨胀性的晶层结构的黏土矿物，晶层间距随环境的湿度或水分变化而膨胀或收缩，水进入矿物造成膨胀，从而易导致工程问题。

7.2.2 膨胀土土水特征曲线

土水特征曲线（SWCC）是非饱和土瞬态渗流分析和大气作用下膨胀土路基含水率预测的关键，同时还可以用来计算非饱和土的渗透系数和抗剪强度。当前众多土水特征曲线模型通常存在两个问题：一是低吸力阶段曲线是水平的，即水体积随吸力改变变化系数为 0，采用这种模型容易导致低吸力阶段计算结果有误；二是在高吸力阶段，土样的含水率低于残余含水率后吸力无限增大，这已被证明是不合理的。

Fredlund-Xing 模型克服了上述两点不足，在低基质吸力阶段赋予曲线一个小的斜率，引入修正函数 $C(s)$，高吸力阶段，吸力随含水率的减小而减小，含水率减小至 0 时吸力为 10^6kPa。

Fredlund-Xing 土水特征曲线模型为：

$$\theta_{\mathrm{w}}=C(s)\frac{\theta_{\mathrm{s}}}{\left\{\ln\left[\mathrm{e}+\left(\dfrac{s}{a}\right)^{n}\right]\right\}^{m}} \tag{7-1}$$

式中，θ_{w} 为体积含水率；θ_{s} 为饱和体积含水率；s 为吸力；a、n 和 m 为拟合参数，分别与进气值、土水特征曲线过渡区斜率以及残余含水率的大小有关。

当膨胀土处于饱和状态时，其渗透系数与应力状态和土体密实程度有关；非饱和状态时，随着膨胀土含水率减少和吸力增加，渗透系数急剧降低，比饱和状态渗透系数低几个数量级。试验结果表明：膨胀性越强，渗透系数越小。这是由于黏粒含量越大，亲水性矿物越易于分散，在土体周围形成较厚的不活动结合水膜，从而堵塞通道，降低渗透系数。原状膨胀土在重塑后，天然结构被打破，形成较多连通性较差的小孔隙，因而渗透性相对原状土大大降低。重塑膨胀土渗透性随着干密度的增大而迅速下降，但下降幅度逐渐变缓，接近最大干密度时趋于稳定。

土水特征曲线还与膨胀土的变形密切相关。一般认为土体膨胀变形由两部分组成，即由外荷载引起的变形和含水率变化引起的胀缩，后者反映土体的本质。膨胀土胀缩性越大，土水特征曲线越平缓，进气值和残余含水率越大。

7.2.3 膨胀土强度

抗剪强度是边坡稳定性评价必要的力学指标。边坡处的地下水位通常较深，浅层土体常处于非饱和状态，随季节性干湿循环变化，浅层土体中的吸力不断发生变化，影响着土体的抗剪强度。目前，非饱和土抗剪强度理论发展较快，但抗剪强度的测试成果却较少，大量现场调查发现，膨胀土边坡岩土界面之间形成的软弱结构面是造成膨胀土边坡滑动的重要诱因之一。

膨胀土抗拉强度与裂隙发育程度关系密切，较低含水率下抗拉强度与干湿循环试验下裂隙率呈较好的对数关系。而膨胀土裂隙发育受多种因素的影响，含水率变化是膨胀土产生裂隙的主要原因，在一定范围内裂隙率与含水率变化量呈线性关系；对于重塑土，干密度对最终裂隙发育程度有一定影响，密度越低，裂隙越容易发育。

图 7-1 反映了浸水后不同竖向应力下土岩界面抗剪强度的衰减程度。在低应力下衰减为 31%；随着竖向应力增大，衰减幅度加大；在 100kPa 竖向应力下，强度衰减了 44%。实际工程中，应尽量减少雨水渗入软弱结构面，同时及时疏干渗水。

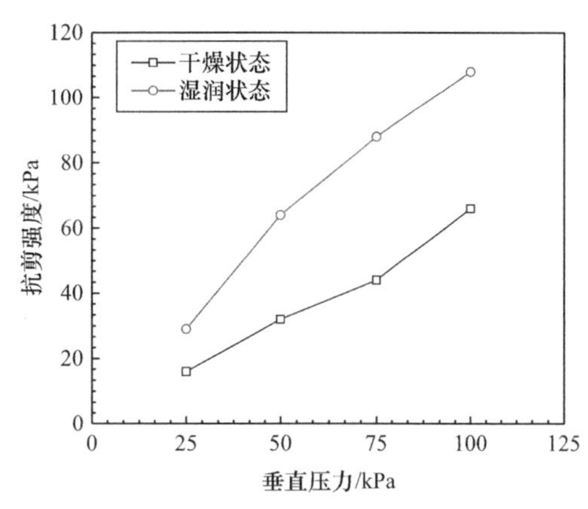

图 7-1　不同干湿状态抗剪强度和正应力关系

7.3　膨胀土机场地基处理

膨胀土地基的处理应考虑当地的气候条件、地基的胀缩等级、场地的工程地质水文地质情况和建筑物结构类型等因素，结合建筑经验和施工条件，因地制宜采取治理措施。如果能够采用换填非膨胀土或采取化学等方法，从根本上改变地基土的性质，是最好的根治方法。如果用桩基或深埋的办法，使基础落到含水率较稳定的土层，也可大大减少对建筑物的危害；对于上部荷重较轻的小型建（构）筑物，亦可浅埋基础但必须避免扰动下部膨胀土，以保证地基的稳定性。

对于膨胀土地区的机场建设，工程质量的关键是解决湿度变化引起的土体胀缩开裂和强度衰减。因此采取有效的保湿防渗措施，使土体在大气干湿循环下处于相对平衡的湿度状态，是解决此问题的有效途径。

而对于已经发生膨胀土道基不均匀变形的情况，不均匀变形主要来自土体膨胀性和内部湿度的变化，需采取有效措施控制膨胀土道基变形。其中，道面材料和结构设计的变化对防止变形作用较小，可通过换填加铺渗透性较好的基层填料来进行控制，换填和加铺的厚度需要保证顶面回弹模量达到规范的最低要求。但其处理的复杂性在于湿度平衡是道基与大气、非饱和膨胀土与水相互作用的结果，故在实际工程中，要注重工程监测，通过实测数据掌握含水率变化，从而预测膨胀土土基湿度发展趋势，其对于评价土基长期性能具有重要指导作用。

7.4　工程案例

7.4.1　工程概况和地质条件

云南文山普者黑机场为国内支线机场，飞行区等级为 4C 级，飞行区跑道全长2400m，宽45m，设计填方量为492.41万m³，挖方量523.43万m³，最大填方高度达36.46m，最大开挖深度达35.5m，采用水泥混凝土道面。机场主体工程布设于一北东向的串状山脊上，山脊长约4km，宽100～360m，高程1560～1628m，山坡坡度18°～45°，工程场区地形高差达131.8m，山脊两侧发育冲沟15条。

场地岩土工程勘察结果显示，工程场区大面积分布有第三系沉凝灰质角砾岩、流纹质凝灰岩和流纹质集块岩，其中全风化、强风化层呈土状，为膨胀土，并具有高含水率、高液限、大孔隙比、弱至中等膨胀潜势，地基胀缩等级达Ⅱ级；中风化层以下岩体强度差异极大。

根据工程地质测绘成果及钻孔揭露资料：场地内地基岩土分布有①层第四系（Q_4^{el+dl}）残坡积层，②层上第三系（Nh^b）火山灰沉积岩沉凝灰质角砾岩，③层上第三系（Nh^a）含砾黏土岩，④层下第三系（$E\lambda\pi^b$）火山喷发岩流纹质凝灰岩，⑤层下第三系（$E\lambda\pi^a$）火山喷发岩流纹质集块岩，⑥层下第三系（Ey）砾岩，⑦层三叠系（T_2g）白云质灰岩、灰岩。除①、⑥、⑦层外，其余的全、强风化层均具有不同程度的膨胀性，其基本特征见表7-2。

膨胀土基本特征一览表 表7-2

指标分区	岩土层编号	液限 w_L/%	自由膨胀率 δ_{ef}/%	膨胀力 P_e/kPa	50kPa下膨胀率/%	收缩系数	分级变形量 S_e/mm	胀缩等级
I_1区	②$_1$	45.00～119.11	10.00～69.00	4.40～75.10	-1.06～0.00	0.01～0.57	20.8～46.20	Ⅱ
I_1区	②$_2$	34.17～115.54	4.00～54.50	3.37～71.90	-1.06～0.00	0.01～0.40		
I_2区	②$_1$	47.07～131.70	10.10～74.00	1.69～58.80	-0.22～0.00	0.12～0.54	26.25～43.90	Ⅱ
I_2区	②$_2$	47.46～94.69	20.00～55.00	3.37～71.90	-1.16～0.00	0.01～0.40		
I_2区	③	43.92～100.42	15.00～70.00	3.37～42.50	-1.12～0.00	0.12～0.32		
$Ⅱ_2$区	④$_1$	34.00～84.38	10.00～51.00	3.37～30.09	0.00～0.00	0.11～0.52	24.40～43.01	Ⅱ
$Ⅱ_2$区	④$_2$	35.77～68.20	8.60～40.00	7.40～111.10	0.00～0.00	0.13～0.26		
$Ⅱ_1$区	⑤$_1$	45.38～97.54	10.00～75.00	1.69～28.95	0.00～0.00	0.08～0.53	39.20～68.50	Ⅱ
$Ⅱ_1$区	⑤$_2$	39.74～87.54	10.00～60.00	2.67～50.88	0.00～0.00	0.05～0.53		

7.4.2 存在的岩土问题

膨胀土含水率较高，孔隙比较大，具有Ⅱ级膨胀潜势，且下部岩体强度差异极大。该工程填方量较大，对于地基处理中水分的控制提出挑战。

7.4.3 处理方案

1. 保水保湿

对高填方区采用包裹式填筑：根据区内膨胀土“失水收缩性大、有荷膨胀率小”这一特性，把 Nh^b 矿地层料土填筑中下部，把 $E\lambda\pi$ 地层料土填筑于中上部，把膨胀性大的料土实行“封闭”处理，填筑结束后及时完善地表防排水设施及片石或植草护坡工程，尽可能地减少地表水下渗和因气候变化造成的影响，防止中等膨胀潜势的膨胀土由于含水率或湿度的变化而产生胀缩变形破坏。

2. 自然排水

自然排水、蒸发料土，使填料含水率尽可能控制在最优含水率附近。保证压实性能：本工程区填料以“高含水率、高液限”为基本特征，约一半以上填料的天然含水率达碾压最佳含水率的 2 倍以上，含水率的控制是施工碾压的最关键环节，Nh^b 地层全强风化层天然含水率高达 43.47%～51.26%，而最佳含水率仅 17.87%～26.8%；$E\lambda\pi^b$ 地层全强风化层的天然含水率为 36.03%～40.52%，而最佳含水率仅 22.0%～26.2%；$E\lambda\pi^a$ 地层全强风化层的天然含水率为 39.3%～41.23%，而最佳含水率仅 20.03%～21.5%。由于岩层含水及其赋水性的非均匀性及所处地形地貌条件的差异，岩层中含多层上层滞水，施工中根据不同的蓄、排地下水，如在冲沟底部、$E\lambda\pi^b$ 与 $E\lambda\pi^a$ 地层接触带蓄、排地下水，可事半功倍地快速降低拟填料层中的天然含水率；在填料开挖后经适当拌晾（风干），也对降低填料的含水率有一定效果。

3. 填土压实

根据各料土的颗粒特点及碾压特性，对各层填料采取不同的碾压措施：由于原岩形成环境和风化程度的差异，各层全强风化岩多呈粉质黏土状，但其中局部夹有 30～300cm 厚的碎块石，$②_1$ 层全风化沉凝灰质角砾岩（Nh^b）中含较多白色和紫红色黏粒团块，施工时均须予以剔除，尤其是白色黏粒团块其含水率大，碾压后的自由膨胀率高达 65%～91%，膨胀力高达 290～234kPa，50kPa 下的膨胀率达 3.25%～8.08%，相应地其黏聚力大，内摩擦角小，填料难以压实。各料土的碾压施工控制严格按规程、规范和试验总结成果建议要求进行，并在施工过程中不断总结提高。

4. 分区处理

根据工程区重要性不同，针对土面区、道面区和航站区采取不同的处置方法：对南端高填方连续分布区的升降带土面区和道面区主要采用④、⑤层料土作为填料，其他大部分土面区则采用②层料土作里料，用④层或⑤层料土进行包裹；对南端 NHBD 层的道槽区的膨胀土采取了部分级配碎石置换，并在置换后及时进行封闭处理；对航站区主要采用②层料土进行填筑，全、强风化层填筑于中下部，中风化层和④、⑤层填筑于上部，建筑基础则采用挖孔桩基础。

7.4.4 处理效果监测及分析

土石方施工结束后，在填土高度大、地基土层性质较差、填土性质较差和挖填方区差异较大等关键部位和可能引起较大差异沉降的部位布置 16 个监测点按有关要求进行了近一年的变形观测，观测点处填土厚度一般均在 12m 以上，最厚为 36.2m，挖方深度为 8m 左右。观测结果表明，沉降主要与填土厚度、地基及填土土料的工程性质有关，飞行区膨胀土填方地段的最终沉降量在 23～117mm 范围，最终差异沉降在 0.05‰～0.56‰ 之间，远小于设计 1‰ 的要求；填土边坡的变形值均在设计要求之内。其中飞行区南段 250m 内布置 6 个观测点，挖方深 8.31m，填方厚 36.20m，月沉降量 0～2.7mm，推算最终沉降在 49～91mm 之间，最大差异沉降为 0.35‰。该段地基和填土土料是工程性质比较好的 $E\lambda\pi^b$ 流纹质凝灰岩和 $E\lambda\pi^a$ 流纹质集块岩，填土自身的压缩性小，因此，反映出在地基条件、填土性质和施工质量相近的条件下，沉降量主要随填土厚度的增大而增大。其他地段的沉降观测结果见表 7-3。

飞行区沉降观测成果汇总表 表 7-3

<table>
<tr><th>观测区域</th><th>观测点号</th><th>填土厚度 / m</th><th>沉降 /mm</th><th>剩余沉降 / mm</th><th>速率 / （mm/ 月）</th><th>沉降 /%</th><th>填料地层代号</th></tr>
<tr><td rowspan="6">飞行区南段</td><td>S1</td><td>27.11</td><td>33</td><td>2.7</td><td>58</td><td rowspan="6">0.35</td><td rowspan="6">Eλπ</td></tr>
<tr><td>S2</td><td>15.92</td><td>10</td><td>1.4</td><td>39</td></tr>
<tr><td>S3</td><td>–</td><td>4</td><td>0</td><td></td></tr>
<tr><td>S4</td><td>36.2</td><td>33</td><td>2.7</td><td></td></tr>
<tr><td>S5</td><td>25.28</td><td>20</td><td>2.7</td><td></td></tr>
<tr><td>S6</td><td>−8.31</td><td>7</td><td>0</td><td></td></tr>
<tr><td rowspan="3">飞行区中段</td><td>S7</td><td>−8.08</td><td>4</td><td>0</td><td></td><td rowspan="3">0.05</td><td rowspan="3">Eλπ</td></tr>
<tr><td>S8</td><td>12.21</td><td>9</td><td>0</td><td>20</td></tr>
<tr><td>S9</td><td>14.02</td><td>12</td><td>0</td><td>22</td></tr>
<tr><td rowspan="4">飞行区北段</td><td>S10</td><td>19.56</td><td>44</td><td>5.5</td><td></td><td rowspan="4">0.56</td><td rowspan="4">N_h^b</td></tr>
<tr><td>S11</td><td>8.43</td><td>7</td><td>0</td><td>16</td></tr>
<tr><td>S12</td><td>26.04</td><td>45</td><td>4.1</td><td>65</td></tr>
<tr><td>S13</td><td>16.17</td><td>18</td><td>0</td><td></td></tr>
</table>

续表

观测区域	观测点号	填土厚度 / m	沉降 /mm	剩余沉降 / mm	速率 / （mm/ 月）	沉降 /%	填料地层代号
停机坪	S14	12.1	54	9.5	63		N_h^b
	S15	20.91	49	8.2	67		N_h^b
	S16	19.72	48	9.5	67		N_h^b

7.4.5 小结

膨胀土的治理总体上以排水、保水和保湿为要。对高含水率、高液限膨胀土填料须根据其具体的水文地质条件排出、蒸晾料土中的水分；根据膨胀土胀缩性质的不同，把性质相对较差的作为非主要工程区填料，填筑性质相对较好的作为飞行区填料和土面区封闭外料；填筑施工时根据各种填料的碾压性能采取不同的施工碾压机具；选铺料时把白色、褐红色黏粒团块及差异性风化残留的碎块石剔出；高填方膨胀土边坡采取自然放坡并配以马道处理的形式，除特别节省砌石工程量外，既稳定安全又经济省时。

参考文献

[1] 刘桂民，张博，王莉，等. 全球和我国多年冻土分布范围和实际面积研究进展［J］. 地球科学，2022（8）：1–18.

[2] 陈冬根. 多年冻土区公路路基病害分析与处治对策研究［D］. 西安：长安大学，2014.

[3] 马巍，王大雁，等. 冻土力学［M］. 北京：科学出版社，2014.

[4] 姚仰平，王琳，王乃东，等. 锅盖效应的形成机制及其防治［J］. 工业建筑，2016，46（9）：1–5.

[5] 滕继东，贺佐跃，张升，等. 非饱和土水汽迁移与相变：两类锅盖效应的发生机理及数值再现［J］. 岩土工程学报，2016，38（10）：1813–1821.

[6] 贺佐跃，张升，滕继东，等. 冻土中气态水迁移及其对土体含水率的影响分析［J］. 岩土工程学报，2018，40（7）：1190–1197.

[7] 姚仰平，王琳，王乃东. 干寒区锅盖效应致灾特征及案例分析［J］. 工业建筑，2016，46（9）：21–24.

[8] 姚仰平，王琳. 影响锅盖效应因素的研究［J］. 岩土工程学报，2018，40（8）：1373–1382.

[9] 罗汀，曲啸，姚仰平，等. 北京新机场“锅盖效应”一维现场试验［J］. 土木工程学报，2019，52（S1）：233–239.

[10] 雷华阳，张文振，冯双喜，等. 水汽补给下砂土水分迁移规律及冻胀特性研究［J］岩土力学，2022，43（1）：1–14.

[11] EVERETT D H. The thermodynamics of frost damage to porous solids[J]. Transactions of the Faraday Society, 1961, 57: 1541–1551.

[12] HARLAN R L. Analysis of coupled heat–fluid transport in partially frozen soil[J]. Water Resources Research, 1973, 9(5): 1314–1323.

[13] SHENG D, ZHANG S, NIU F, et al. A potential new frost heave mechanism in high–speed railway embankments[J]. Geotechnique, 2014, 64(2): 144–154.

[14] SHENG D, ZHANG S, YU Z, et al. Assessing frost susceptibility of soils using PCHeave[J]. Cold Regions Science and Technology, 2013, 95(11): 27–38.

[15] ZHANG S, TENG J, HE Z, et al. Canopy effect caused by vapour transfer in covered freezing soils[J]. Geotechnique, 2016, 66(11): 927–940.

[16] 李艳萍. 多年冻土地区建筑设计浅析［J］. 山西建筑，2011，37（27）：3.

[17] 住房和城乡建设部. 软土地区岩土工程勘察规程：JGJ 83–2011［S］. 北京：中国建筑工业出版社，2011.

[18] 霍海峰，齐麟，雷华阳，等. 天津软黏土触变性的思考与试验研究［J］. 岩石力学与工程学报，2016，35（3）：631–637.

[19] 郑刚，霍海峰，雷华阳. 循环荷载后原状与重塑饱和粉质黏土不排水强度性状研究［J］. 岩土工程学报，2012，34（3）：400–408.

[20] 刘松玉，周建，章定文，等. 地基处理技术进展［J］. 土木工程学报，2020，53（4）：93–110.

[21] 王志文. 浅层软土地基的组合加固法——浅谈浦东国际机场第二跑道基础的地基处理施工［C］//《上海空港》编辑部. 上海空港（第1辑）. 上海：上海科学技术出版社，2006：99–102.

[22] 住房和城乡建设部. 土工试验方法标准：GB/T 50123—2019［S］. 北京：中国计划出版社，2019.

[23] 王雪浪. 大厚度湿陷性黄土湿陷变形机理、地基处理及试验研究［D］. 兰州：兰州理工大学，2012.

[24] 罗宇生. 湿陷性黄土地基处理［M］. 北京：中国建筑工业出版社，2008.

[25] 龚晓南. 地基处理手册［M］. 3版. 北京：中国建筑工业出版社，2008.

[26] 范文等. 黄土三维微结构［M］. 北京：科学出版社，2022.

[27] 住房和城乡建设部. 湿陷性黄土地区建筑标准：GB 50025—2018［S］. 北京：中国建筑工业出版社，2019.

[28] 中国民用航空局. 民用机场勘测规范：MH/T 5025—2011［S］. 北京：中国民航出版社，2011.

[29] 中国民用航空局. 民用机场岩土工程设计规范：MH/T 5027—2013［S］. 北京：中国民航出版社，2013.

[30] 郑颖人，李乃山. 机场湿陷性黄土地基处理指标研究 [C] // 中国土木工程学会土力学及基础工程学会地基处理学术委员会. 第三届地基处理学术讨论会论文集. 1992：4.
[31] 蒋明镜，卢国文，李涛. 基于胶结破损机理的非饱和结构性黄土本构模型 [J]. 天津大学学报（自然科学与工程技术版），2020，53（3）：243-251.
[32] 建设部. 岩土工程勘察规范（2009 年版）：GB 50021—2001 [S]. 北京：中国建筑工业出版社，2009.
[33] 中国民用航空局. 民用机场水泥混凝土道面设计规范：MH/T 5004-2010 [S]. 北京：中国民航出版社，2010.
[34] 张玉. 疏勒河安西总干渠渠基砂碎石盐渍土工程地质研究 [J]. 甘肃水利水电技术，2008，44（6）：416-421.
[35] 黄飞. 盐渍土腐蚀性研究 [D]. 合肥：合肥工业大学，2013.
[36] 王学军，李学东，安明. 机场场道道槽区盐渍土地基处理 [J]. 施工技术，2018，47（S4）：1826-1828.
[37] 谭晓刚. 盐渍土地区机场地基处理设计 [J]. 长春工程学院学报（自然科学版），2014，15（2）：33-36.
[38] 住房和城乡建设部. 膨胀土地区建筑技术规范：GB 50112—2013 [S]. 北京：中国建筑工业出版社，2013.
[39] 国家铁路局. 铁路工程岩土分类标准：TB 10077—2019 [S]. 北京：中国铁道出版社，2019.
[40] 郑健龙. 公路膨胀土工程理论与技术 [M]. 北京：人民交通出版社，2013.
[41] 段乔文，李燚，唐跃明，等. 云南文山普者黑机场膨胀土处治方案及效果浅析 [J]. 岩土工程界，2007（3）：68-72.
[42] 吴爱红. 盐渍土机场地基处理研究 [J]. 铁道建筑技术，2008（1）：60-65.

第3篇

不良地质地基处理

第8章 岩 溶

岩溶意为可溶性岩土，其受水分化学溶蚀和物理侵蚀的地质作用，所形成的地貌称为岩溶地貌，也称作喀斯特地貌。我国岩溶面积达340万km^2，占全国国土面积的三分之一以上，在广西、贵州、云南、四川、西藏、新疆、湖南和湖北等地广泛分布。昆明长水国际机场、贵阳龙洞堡国际机场、武隆仙女山机场、毕节飞雄机场、宁蒗泸沽湖机场和盘州官山机场均坐落在岩溶地区。

岩溶具有可溶于水的特性，由于水对碳酸盐岩不断溶解和侵蚀，岩溶物质会随着水迁移再沉积。随着溶蚀和侵蚀作用的加剧，会在地下形成空洞，荷载作用下易发生坍塌。岩溶塌陷具有突发性、隐蔽性和不均一性等特点，其可能引起建筑物变形、倒塌和道面坍塌等严重后果。对岩溶塌陷的防治措施主要有防渗、加固和跨越三类：防渗措施包括回填夯实、水泥抹面、隔水土工布封闭、橡胶板防水和建拦水坝隔离等；加固措施包括强夯、填碎石法、固结灌浆法、帷幕灌浆法、桩基和锚杆加固等；跨越措施包括桥跨越、梁跨越、板跨越和拱跨越等。

8.1 岩溶的形成与特性

8.1.1 岩溶的形成条件

水对可溶性岩石的化学作用和机械作用，以及这些地质作用所产生的水文现象、地貌现象的总和，称为岩溶。岩溶包括岩溶过程和岩溶现象两部分，因此在研究岩溶时，不仅要描述岩溶的形态、特征和地理分布等岩溶现象，还应研究岩溶的形成过程，阐明岩溶的成因，发育规律与水文地质作用的关系等。

岩溶发育需要具备四个基本条件：（1）岩石的可溶性，包括碳酸盐类、硫酸盐类和卤素类；（2）岩石的透水性，具有地表水下渗和地下水流动的途径；（3）水的溶蚀性，具有溶解能力（CO_2）；（4）水的流动性，足够流量的水。

8.1.2 可溶性岩石的成分

可溶性岩石按化学成分和矿物成分可分为3种类型：碳酸盐类岩石（石灰石，白云岩及其间的过渡岩石），硫酸盐类岩石（石膏，芒硝），卤盐类岩石（石盐，钾盐）。

碳酸盐类岩石分布面积最广，据统计，整个地球陆地上碳酸盐类岩石分布面积约为4000万km^2，我国的分布面积在200万km^2以上，其中出露的碳酸盐类岩石约为125万km^2，占我国领土的13%，尤其以湘西、鄂西、贵州、广西和滇东分布集中。硫酸盐类岩石和卤盐类岩石分布面积相对较小，岩溶发育也不典型，对人类的生产生活影响相对较小。

碳酸盐类岩石以其组成的矿物成分划分为石灰岩、白云岩及一系列过渡类型。岩石中含有50%以上方解石或文石的属石灰岩类；含50%以上白云石的属白云岩类，两者间的过渡类型则按CaO和MgO的比值来划分。构造活动形成的裂隙断层对碳酸盐岩体的溶蚀有促进作用，此外可溶岩的溶蚀程度还与环境温度、压力和地下水有关系。

8.1.3 岩溶的工程性质

1. 孔隙度

岩溶的透水性取决于岩石中的孔隙和裂隙，碳酸盐类岩石的孔隙不仅受原始沉积物和沉积环境的控制，还受粒屑成分、基质、胶结物、胶结类型以及成岩作用后期改造的影响。

孔隙一般是指碳酸盐中空间直径小于2mm的空隙。而孔隙度则是岩溶的一个基础工程指标，具有多方面的工程含义，既可以是储存水分的指标，也可以作为衡量岩溶发育程度的指标，其可分为线、面、体三种计算方式。常用的孔隙度为体孔隙度，定义为孔隙空间体积与岩石总体积的比值。其中，有效孔隙度表示的是相互连通的孔隙体积与岩石总体积的比值。

$$\text{孔隙度}(\%)=\frac{\text{孔隙体积}}{\text{岩石总体积}}\times 100\%$$

体孔隙度能反映岩体的岩溶程度，但在测量上有较大难度，在实际工作中，常采用线孔隙度来表征。孔隙度在垂直方向上，随深度的增加而减小，这主要是因为岩溶作用随深度增加越来越不明显。

2. 给水度

给水度同样可以反映岩溶的充水程度和发育程度。岩溶层中的地下水均储存于裂隙和洞穴中，在水压差下可自由流动。岩溶中的给水度受不同因素的影响，如构造条件、岩石性质等，研究数据表明，给水度随着深度的增加存在不断减弱的规律。我国南方一些岩溶区的情况是，地表以下100m以内给水度为$n\times10^{-2}$～$n\times10^{-1}$；100～300m之间给水度为$n\times10^{-4}$～$n\times10^{-3}$；相差百余米，给水度会发生量级的变化。

3. 渗透系数

渗透系数可以用来表征岩溶内部孔隙的连通程度，是岩溶发育程度的又一个工程指标。石灰岩渗透系数的变化范围为 $n\times10^{-5}\sim n\times10^{-2}$m/d，次生岩溶的渗透性大于原生岩溶；浅部岩溶又大于深部岩溶，这与孔隙度和给水率的变化规律相一致。在山地岩溶地区，潜水面以下 60～70m 渗透系数常出现最大值，该深度的岩溶发育是最强烈的，再往下，渗透系数不断减小。数据资料表明，渗透系数与深度间的经验关系式如下：

$$\lg K = a + b\lg H \tag{8-1}$$

式中，K 为渗透系数（m/d）；H 为深度（m）；a 和 b 为与岩溶相关的参数。

系数 b 代表渗透系数变化的速率，其值越大表明岩溶发育程度变化很快，反之亦然。

8.1.4　岩溶发育演化规律

碳酸盐岩的溶蚀过程如下所示（以石灰岩为例）。

第一阶段，与水接触的石灰岩，在偶极水分子的作用下发生溶解：

$$CaCO_3 \rightleftharpoons Ca^{2+} + CO_3^{2-} \tag{8-2}$$

第二阶段是原溶解于水中的 CO_2 的反应：

$$H_2O + CO_2 \rightleftharpoons H_2CO_3 \rightleftharpoons H^+ + HCO_3^- \tag{8-3}$$

碳酸电离的 H^+ 与式（8-2）的 CO_3^{2-} 化合成碳酸氢根：

$$H^+ + CO_3^{2-} \rightleftharpoons HCO_3^- \tag{8-4}$$

这两个阶段的最终反应是：

$$CaCO_3 + H_2O + CO_2 \rightleftharpoons Ca^{2+} + 2HCO_3^- \tag{8-5}$$

水中 CO_2 的含量和外界（土和大气）CO_2 含量有一个平衡关系，水中 CO_2 减少，平衡就受到破坏，必须吸收外界 CO_2 以便使水中 CO_2 含量重新达到新的平衡。

由于水中 CO_2 因溶解石灰岩减少后可从外界得到补充，岩溶作用可视为不可逆过程。

石灰岩是否持续不断地溶解，决定于 CO_2 扩散进入水中的速度。当外界 CO_2 不足时，往往发生沉淀作用；若 CO_2 得到不断的补充，则溶解作用将持续不断地进行。在岩溶发育长期稳定的条件下，要经过幼年期、青年期、中年期再到老年期，完成岩溶的完整发育。

岩溶的发育与地层岩性、地质构造、气候、水的流动性和侵蚀能力密切相关。随岩溶深度增加，地下水活动性及交替循环能力越来越弱，因此岩溶溶解程度也随着深度的增加逐渐减弱。在有水流动且排水通畅的断裂带，有利于地下水流汇集从而提高水的溶蚀能力。

一般情况下，岩溶发育程度最强的为灰岩，其次为白云质灰岩和白云岩。从碳酸盐岩的结构来说，一般晶粒愈粗，溶解度就越大，岩溶发育也就愈强烈。因为晶粒愈粗大，岩石的空隙也大，吸水率高，有利于溶蚀。岩层愈厚，岩溶就愈发育，且形态齐全，规模较大，薄层碳酸盐岩地层岩溶发育程度较弱。

岩层产状为水平或缓倾时，地下水以水平运动为主，岩溶形态也主要是水平溶洞。岩层倾斜较陡时，地表水多沿层理下渗，地下水运动也较强烈，岩溶发育方向主要受层面的控制。

地壳强烈上升区，岩溶以垂直发育为主；地壳相对稳定区，岩溶以水平发育为主；地壳下降区，岩溶发育复杂。

此外，岩溶发育受气候、植被和土壤等自然因素影响。由于气候影响具有区域性，因此岩溶发育亦具有明显的区域性，不同气候带的岩溶发育各具不同的形态特征。我国岩溶类型按不同气候带可以划分为热带、亚热带和温带，此外还有高寒气候带、干旱区和海岸岩溶等类型。

8.2 岩溶理论进展

岩溶发育的复杂性造成塌陷机理的多元性，本部分针对学术界具有代表性的岩溶坍塌机理进行阐释，并对常见的岩溶区勘察方法做介绍。

8.2.1 地面坍塌机理

1. 潜蚀论

潜蚀论认为地面塌陷主要是因为在地下水作用下，土颗粒被带走，从而形成内部空洞，进一步产生破坏。

该理论认为土洞周围黏性土在地下水作用下可发生缓慢的渗流，突然降水造成的洞内真空会使得土体内液体和气体向洞内迁移，产生渗流，从而扩大土洞并减小顶板厚度。地下水对土体的化学潜蚀可改变土体的内部结构和力学参数，但可溶岩的化学潜蚀是个非常长的过程。上述潜蚀作用使得土洞顶板厚度减小，在上覆压力作用下，顶板可能发生失稳破坏。

砂土一般富含地下水，当土颗粒在地下水渗流力作用下向岩溶孔隙内迁移时，土体结构会发生变形，形成管涌、流土或冲刷，严重的可能导致岩溶地面坍塌。值得说明的是，渗透力的方向还可能向上或者水平。

2. 真空吸蚀论

传统的潜蚀论是基于覆盖层是含水层提出的，而通过研究发现，大多数坍塌的基岩洞口被渗透系数很低的黏土层覆盖，不具备潜蚀的基本条件，且很多坍塌的洞口回填后有复发，这些情况用潜蚀论解释不了。

徐卫国（1976）等提出了“真空吸蚀机理”。该理论假设地下水的下降在岩溶腔内造成负压，其与盖板表面形成压力差，在外部压力下造成岩溶腔不断被掏空。其基本假设有四个：①岩溶普遍具有发育较好的溶洞、裂隙，相互交织成空间网状结构，为真空形成提供空间；②岩溶上部覆盖渗透系数很小的黏性土，使得下部岩溶隔绝与外部的连接，处于相对密闭状态；③岩溶下部赋存着丰富的地下水，为各种诱因下地下水快速下降提供物质基础；④周围一般有断层或破碎带等构造。

岩溶受到外部作用，如地面抽水或矿井排水，在相对密闭的岩溶腔内地下水会快速下降，腔内液面和盖层形成吸力，水的下降速度越快，吸力越大。该吸力理论上最大为一个大气压，即 10m 的水头。然而实际工程中由于封闭效果有限，其负压均小于一个大气压，且并不恒定。

当腔内真空度提高，吸力慢慢扩散至岩溶内裂隙空间网，会在盖层裂隙内形成指向腔体的作用力，盖层下落裂隙增大。同时，对于盖层上覆土体，也会受到一个向下的吸力，使得土体有向下移动的趋势。

3. 重力坍塌

当地下水埋藏较深，溶洞发育强烈的地带常出现口小肚大的腔体。此时土体在自身重力作用下逐层剥落，最终发展成整体下陷，这种现象称为重力坍塌，是岩溶坍塌的重要形式。

4. 冲（气）爆坍塌

岩溶受到高气压或者高水压冲击作用，当超过岩体的强度时，会冲破岩土发生坍塌。如溶洞中存在封闭气体，水位突然升高，气体压缩导致压力升高，高压气团引起爆破，称为冲爆坍塌。此外，在岩溶中当水流受到阻力，速度会突然降低，此时水击压力可产生上百米的水头，可能直接击穿岩土体，发生喷水喷砂，之后造成岩土体的坍塌。

5. 荷载坍塌

当岩溶上部荷载增大，或受到交通荷载、爆破荷载和地震作用，可能造成土体发生位移。当附加荷载增加过大，顶板承受的荷载大于其强度，会发生破坏。动荷载作用下，对于饱和砂土和粉土，可能产生振动液化，有效应力迅速降低，强度消失。在岩土体中，重力与水分的变化息息相关，若顶板上部有不透水黏土层，当雨水下渗时，上部土体重度增加，作用在顶板上的压力亦增大，对坍塌形成威胁。地下水位线下降时，土体有效应力增大，可能引起坍塌。

上述坍塌理论均以诱发因素作为研究对象，一些学者还对其导致的力学效应作研究。罗小杰以土颗粒的运动方式做研究对象，系统提出了土洞型、沙漏型和泥流型三机理塌陷理论。对于黏土和密实的砂土，由于拱效应的存在，土洞将保持稳定。受到外部诱因的作用，如地下水潜蚀等，拱效应失效，黏土颗粒在渗流作用下随裂隙迁移，土洞将不断扩展，直至坍塌的物质不能随水分迁移，将堵塞土洞，土洞消失。砂土在外部诱因下，通过裂隙流失，在砂土上部会产生沙漏型坍塌坑，导致地面发生沉降。其并非由拱效应失效产生的，称为沙漏型破坏。若岩溶上覆软土强度低，含水率高，流动性强，软土将在重力作用下顺着裂缝流动，随着土体不断流失，软土上部形成坍塌坑，导致地面塌陷。

8.2.2 岩溶勘察方法

1. 遥感解译

通过遥感器对非接触目标进行探测，获取其电磁波信息，并进行提取、判定、加工和分析应用。遥感探测所使用的电磁波波段是从紫外线、可见光、红外线到微波的光谱波。

遥感技术借助不同高度的平台，采用不同谱段的扫描获取工程地质信息。遥感图像主要包括卫星遥感图像和航空遥感图像，通过图像分析可对岩溶的地形、地貌、岩性和构造特点等做判定。当前，对岩溶地质的研究，以卫星遥感影响为主，可根据不同的分辨率，制作不同精度的图片。

主要解译内容有：①地形地貌。确定岩溶形态，阶地研究和河道布设；②地质构造。区域构造轮廓，断裂、褶皱形态，岩层产状；③地层岩性。岩溶分布特性，划分岩溶层组，分析岩性、分布和成因；④水位地质。确定岩溶地表、地下水分布，划分水文地质单元；⑤确定与岩溶有关的不良地质现象。

2. 地质雷达

地质雷达是利用高频电磁波束反射来探测地下目标的方法。其原理是，发射机发射电磁波信号，当在岩层中探测到目标时，会产生反射信号。通过比较直达信号和反射信号，判断下部有无被测目标，并计算被测目标的深度。

当采用地质雷达探测，需要求探测目标与周边的介质存在明显的介电常数差异，且探测深度不宜过深，探测天线与测试表面间的距离不宜过大，否则，反射信号会迅速衰减。地质雷达利用了高频电磁波，其探测深度比其他物探浅，有时仅为厘米级。

3. 浅层地震法

黏土的波阻约为50，水的波阻约为15，而空气的波阻约为0。根据不同介质波阻的差异，可通过浅层地震法探测溶洞、土洞的位置。

利用地震反射波进行地质勘察，通常在激发点附近接受反射波，根据反射波数据，能准确对界面的埋藏深度进行探测，较深的沉积岩内可能存在几十个反射界面。

由于地震波场较为复杂，除了反射波外，还有声波、面波和折射波等，这些波混在一起，对分析数据造成困难。因此，深度 10m 以内成为浅层地震反射法的盲区，用该方法探测浅埋土洞效果并不好。

4. 高密度电阻率法

电阻率法是以地下介质存在明显的电阻率差异为前提的。当地下存在低阻不均匀体时，由于低阻吸引电流，使得地表电位差变小，称为低阻异常；反之，当存在高阻不均匀体时，由于高阻排斥电流线，使地表电位差变大，称为高阻异常。

当土洞填充水或者泥土时，土洞与黏土的电阻率差异较小，因此高密度电法探测该类土洞效果并不是很好。高密度电阻率法的效率与勘探深度和探测对象直径之比有关，比值越低，探测效率越高，该比值的临界值为 5。因此，对于埋深 10m 的土洞，直径 2m 时，比值为 5 达到临界值，探测可能性较低；对于埋深 5m，直径 2m 的探测可能性会高。

5. 钻孔

深孔钻探是获取地质资料的重要方法，其目的是验证深部地层层序、岩性和完整性，确定其空间位置。钻孔的位置和数量视地质复杂程度而定，一般在地质界面、破碎带以及其他异常部位需要布置钻孔，并取代表性岩土试样进行物理力学性质试验。

8.3 岩溶区机场地基处理

我国西南、中南地区如重庆黔江机场、贵州兴义机场和广州新白云机场等，大多存在岩溶地基，在岩溶地基上大面积深挖高填必然导致诸如不均匀沉降、岩溶塌陷、岩溶水侵蚀等工程地质问题。有效处理落水洞、隐伏岩溶区域不良地质等问题，对保障机场安全运营意义重大。

根据机场工程使用要求，周虎鑫将场道地基处理区域分为道槽及影响区、土面区、坡脚影响区三个部分。道槽及影响区是指道面顶部宽度加两侧道肩，各向外约 5m 范围，结合实际情况以坡度 1：0.75 或 1：0.5 进行放坡。该区域需要确保机场道面的功能性及结构性要求，地基处理要求最高。坡脚影响区需确保填方边坡的稳定性，地基处理要求较高。土面区是指除上述两个区域外的范围，主要是保证平整度及强度，确保飞机冲出跑道时的安全，地基处理要求最低。地基处理分区如图 8-1 所示。

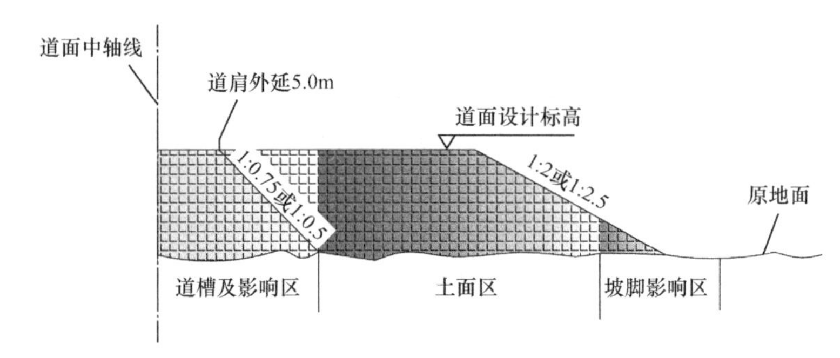

图 8-1　岩溶地基处理分区示意图

8.3.1　岩溶处理概况

岩溶坍塌防治的基本原则是“规避为主、防治结合”。规避是指在工程选线和选址阶段，绕开或回避治理工程规模庞大、建设费用和维护费用巨大的高危险区，避免施工风险。若工程不可避免，在高中危险区应避免选用土层作为持力层，宜采用一定结构措施，将上部荷载传到完整的岩体，避免上覆层坍塌。当覆盖层较厚，可采用桩基础；当覆盖层较薄，可采用桩筏基础。堵塞岩溶孔隙可处理小规模岩溶，通过对溶蚀裂隙通道进行注浆，使岩体变得完整；或者填充顶板下一定深度范围，消除土颗粒的储存空间。但由于岩溶孔隙的复杂性，处理效果难以保证，特别是遇到规模较大的溶洞，必须考虑地基处理的成本。

当地下水突然下降，地下空洞会出现真空，从而产生吸力施加在顶板上。此时，可在土洞顶板中设置通道连接空洞和外部大气，使得气压平衡，消除真空荷载。在建设和运营过程中，应避免地下水位的大幅下降，对于排水工程，应控制抽水速度，以便有足够的时间平衡洞内气压。地表水的大规模下渗会降低土体的抗剪强度，故对于地表水要做好排水系统，通过排水沟控制水分的排出。地下水的渗流作用，可诱发砂土的渗漏，需控制大规模的地下水开采和排水，避免砂土渗漏。

交通荷载和地震作用会对土洞产生外加荷载，对于直径较小的土洞，可采用梁板跨越，将外荷载传递到稳定的土体中，或者采用桩基础和筏形基础，将荷载传递到稳定的基岩上。振动荷载可使砂土和粉土产生液化，因此在施工过程中要严格控制动荷载。

改良土性是指在土体中注入黏合剂以固定土颗粒，对于顶板上部粗颗粒土，可采用渗透注浆、静压注浆的方式注入水泥浆或者其他化学浆液，增大颗粒的抗剪强度。还可在顶板与上层土体之间设置水平的止水帷幕，防止砂土渗漏，但水平帷幕的效果取决于注浆施工的质量。

考虑岩溶的地质特点，并结合处理方案的经济性、合理性及安全性等因素，周虎鑫等对场区岩溶地基处理方法做了总结：

（1）对于机场挖方区地段，由于开挖过程中，埋深较浅的地下溶洞会被完全挖掉，因此被开挖掉的岩溶不需要治理，但是对于没有被完全开挖的地下洞室需要灌浆回填压实处理。

（2）场区内地下岩溶埋深较浅且处于填方区，需对溶洞顶板采用爆破处理，然后对洞体填充块石、碎石，之后覆盖黏土分层夯实。

（3）对场区内埋深较浅的溶蚀破碎带，采用强夯处理，使松散的破碎带在强夯的处理下，达到承载上部压力的效果。但对于埋深较深，且不能使用强夯的溶蚀破碎带，宜采用高压旋喷加固。

（4）对于深度较浅的落水洞采用填充法，对洞体填充块石和碎石，做成反滤层，上覆黏土分层夯实。场区内深度较深的落水洞，可采用跨越法，跨越法是采用坚实稳固的跨越结构作用在可靠的土体或岩体上。

（5）埋深较深又对机场稳定有潜在威胁的地下岩溶洞体，可采用灌注法处理。灌注法是将导砂管插入查明的岩溶洞体内，并用灌注材料通过钻孔进行注浆，其目的是强化土层，充填岩溶洞隙，拦截地下水流，加固地基。

（6）对于机场内没有形成塌陷坑，但已造成地基沉陷或已形成深度很小的浅碟形塌陷的地段，无法采用上述治理方法，可对地基采用复合加固处理。

8.3.2 岩溶处理技术

根据机场特点及岩溶对机场工程的危害，应针对道槽及影响区，从地表岩溶、地下岩溶和岩溶水三方面提出处理措施，常见的岩溶处理技术有下面几种：

1. 充气法

充气法是在顶板上的土层中设置通气管道，以平衡溶洞中的气压，避免较大的吸力对结构产生附加荷载，通气孔应打通覆盖层并与下部溶洞或溶洞裂隙连通。充气法在广东、云南、贵州等岩溶地区均有应用，可以解决大规模降水引起的吸力增大问题。

2. 注浆法

当洞口暴露在外，或者通过简单清理即会暴露的岩溶，可利用大块石封闭洞口。当塌陷坑底部存在较厚覆盖层时，可采用钻孔注浆方式，注浆材料主要有水泥、砂、粉煤灰和其他化学物质。由于在溶洞内注浆需要的材料用量较大，故需考虑浆液的成本，水泥-粉煤灰或水泥-土浆复合浆液成本较低，因此应用范围较广；水玻璃类成本较高，适用于堵漏。单液注浆采用水泥和水，在砂砾石层等渗透性能较好，土体中应用较多，注浆过程中对粗颗粒的扰动较小，在中小型土洞中应用较多，且与开挖回填相比，具有明显经济优势。进行注浆前，需对浆体材料和注浆工艺进行试验，以确定配合比和工艺。灌注过程中为防止冒浆、漏浆事件发生，宜采用间歇式灌注方法。钻孔注浆法效率较高，成本可控，塌陷复活率低，是一种高效的治理方法。

黏土复合膏浆采用黏土作为浆体，水泥等材料为辅，利用高压将黏土复合膏浆，以挤压方式压入土洞中。其灌浆工艺简单，不需封孔，利用浆体材料阻挡翻浆，压浆过程由下而上，形成良好的复合地基。浆体制备需要控制流动度，并要求强度不可上升过快，以防止固管事故发生，黏土浆体相比水泥浆体具有更好的成本优势。

3. 强夯置换

对目前岩溶空洞区大多采用强夯法，很多规范推荐了设计夯击参数，但是机场飞行区道面对沉降及承载力的要求要高于其他类型的工程项目。

对于岩溶洼地，表层含水率大、强度低，形成软弱土地基，可采用一定厚度的块碎石填料回填，然后强夯置换处理。地下的溶洞、土洞处理，主要是保证地基的稳定性，防止坍塌陷落造成危害。对于分析评价为不稳定的溶洞、土洞，将顶板爆破揭露后，填塞透水性好的填料，并采用强夯方法加固夯实。对于埋深较大的溶洞、土洞，可通过钻孔向洞内贯入砂石料等以堵填洞隙，并在上部进行强夯处理。

对于存在顶板埋深较浅的岩溶漏斗、裸露型溶洞及隐伏溶洞直接采用清爆换填法和垫层强夯法处理，而对于埋深较大的岩溶条件飞行区采用强夯置换墩法处理。

区别于传统的强夯法，强夯置换墩法采用柱状砂石混凝土墩，配合强夯法形成密实的墩间土，使砂石墩与周围墩间土形成复合地基。同时，强夯置换墩法可以大幅度提高地基承载力和变形模量，这是因为强夯置换法利用重锤在一定落距产生的冲击能，将原有地基级配或工程性质不良的颗粒排开，置换成级配较好且工程性质能够达到机场地基处理要求的填料，这样经过强夯处理后的地基强度会有效地提高。强夯置换墩法处理地基的有效深度为12m，处理效果最好的深度范围在10m左右的岩溶空腔浅伏地段。

8.4 工程案例

8.4.1 工程概况和地质条件

泸沽湖机场在行政区划属云南省丽江市宁蒗县，为高原机场，建设规划飞行区等级4C，海拔3200～3300m，跑道长3400m，宽45m。工程区域属川西南高山区南部的强烈切割高山亚区。

1. 区域地形地貌

泸沽湖机场的场区位于青藏（川西）高原向云贵高原过渡的斜坡地带，总体地势北西高，南东低。按中国地貌区划，以岷山—夹金山—大雪山—锦屏山为界，由西向东跨越两个自然地貌单位，西部属青藏高原东部边缘侵蚀山原区（川西高原），海拔 4000～5000m，最高峰贡嘎山海拔 7556m。以东南的川西南、滇西北地区（向云贵高原过渡）为侵蚀构造中高山区，海拔在 3000～4500m。工程区区域属川西南高山区南部的强烈切割高山亚区。自新构造运动以来，受青藏（川西）高原自西北向南东大面积掀斜抬升，造就了泸沽湖地区的高原丘陵地貌，展现出既有高原多级层状地貌（夷平面或剥夷面），又有山地、丘陵、河谷平地和盆地的复合地貌形态。

工程区域经过长期的侵蚀夷平和河流下切作用，形成了具有夷平面的中—中高山和中等切割河谷地貌，被金沙江及其支流地箐河、吉意河—阿家大河等所分割。

2. 区域地层岩性

场区地层结构比较简单，根据野外实地调查和钻探揭露深度范围内出露的地层主要为第四系耕植土层（Q^{pd}）、第四系冲洪积层（Q^{al+pl}）、坡残积层（Q^{dl+el}）和下伏的中二叠统阳新组（P_2y）碳酸盐岩地层。

3. 区域地下水

总体来讲，场地及周边地势较高，岩溶发育，地表水与地下水联系较通畅，大气降水大部分直接从石灰岩裂隙、岩溶落水洞排入地下；场区内无常年地表径流，沟谷均为干谷或暂时性流水溪谷，当地彝族居民用地窖收集雨水作为生活用水。

场区岩溶具体呈现如下规律：场区岩溶以垂直发育为主，地表表现为溶沟、溶槽、漏斗、落水洞等；地下表现为溶蚀裂隙、溶孔、溶洞等；场区岩溶发育具有明显的构造控制性。

8.4.2 稳定性分析

航站区溶洞整体上稳定性较好，稳定溶洞占溶洞总数的 72.5%。对于顶板较完整的溶洞，82.7% 都处于稳定状态，而顶板较破碎的溶洞稳定性相对较差，失稳溶洞 55.6%。天然状态下，研究区地下溶洞顶板处于稳定状态。但在机场建设和运营过程中，上部荷载的改变（挖填方等）、人为因素（爆破等）及飞机起降时的冲击力等均改变了溶洞顶板的受力状态。因此，采用民航推荐方法对填方区溶洞进行稳定性评价。计算结果表明场区内不稳定的溶洞为 92 个，占了溶洞总数（275个）的33.5%，因此场区内的地下溶洞对机场稳定性有一定的影响，需进行相应的稳定性处理。

8.4.3 处理方案

泸沽湖机场岩溶较为发育，所形成的岩溶漏斗、溶洞、落水洞、塌陷等，可能造成飞行区道面和航站楼地基承载力不足或地基的不均匀沉降，为保证机场的安全运行，需对场区内不良岩溶进行处理。

关于独立简单溶洞的处理，可根据已建设机场溶洞处理及其他类似工程经验并结合场地溶洞发育特征进行相应设计处理；复杂多层岩溶地基处理复杂且难度大，此类溶洞应对其位置、大小、埋深、围岩稳定性和水文地质条件进行综合分析。处理方案如表8-1所示。

泸沽湖机场岩溶处理方案　　表8-1

溶洞类型	溶洞性质	处理措施
独立简单溶洞	顶板薄且破碎	桩基
	顶板较厚	灌注混凝土或水泥砂浆，必要时采用旋喷桩或钢管桩
复杂多层岩溶	浅埋洞隙	挖填置换，清理洞隙后以碎石或混凝土回填
	开挖清理困难的洞体	灌浆
	第二层溶洞顶板薄、跨度大	第一层洞顶设置附加支撑或加固洞顶
	复杂重叠溶洞	大梁跨越重叠溶洞

第9章 液　　化

我国地处太平洋地震带和欧亚地震带，是地震多发国家之一。地震作用下，饱和砂性土的振动液化会引起大变形，可能造成土体的塌陷、流滑、侧向挤出和侧向流动，进而引发建筑物地基失效、地下管线破坏、挡土结构倾覆、坝坡失稳和桥梁破坏等震害。目前，国内存在可液化土的机场主要有北京大兴机场、济南遥墙机场和福州长乐机场等，这些机场对液化土地基震害评估和防治的需求十分迫切。

9.1 液化的形成与特性

9.1.1 液化定义及其机理

地震作用下，在烈度比较高的地区往往发生喷水冒砂现象，这种现象是地下砂层发生液化的宏观表现。美国土木工程师协会岩土工程分会土动力学专业委员会对“液化”一词的定义是：“液化是使任何物质转化为液体状态的行为或过程。就无黏性土而言，这种由固体状态变为液体状态的转化，是孔隙水压力增大和有效应力减小的结果”。液化现象不仅大量发生在饱和松砂中，也会出现在饱和粉土中。

砂土的液化机理可以用图9-1具体说明。用均匀的圆球形颗粒集合代表砂土，假设砂土是饱和的，孔隙内充满水。若振前处于松散状态，排列如图9-1（a）所示，颗粒的自重以及作用在颗粒上的荷载由水和颗粒接触共同承担。当受到水平方向的振动荷载作用时，颗粒有被剪切挤密的趋势。在由松变密的过程中，孔隙水在振动的短促时间内无法排出，就会出现由松到密的过渡阶段。这时颗粒离开原来的位置，而又未落到新的稳定位置上，与四周颗粒脱离接触，处于悬浮状态。这种情况下颗粒的自重以及作用在颗粒上的荷载将全部由水承担。而后，颗粒落到新的稳定位置上，超静孔隙水压力来不及消散情况下，颗粒之间虽然接触但接触力为零（临界状态），这种情况下颗粒的自重以及作用在颗粒上的荷载依然全部由水承担。颗粒在悬浮状态和临界状态下，颗粒集合和水组成的整体（“饱和砂土”）处于液化状态。

在图9-1（b）中的容器内装填饱和砂土，并在砂土中安装测压管。摇动容器会出现测压管水位迅速上升现象，这种现象表明饱和砂土中因振动出现超静孔隙水压力。

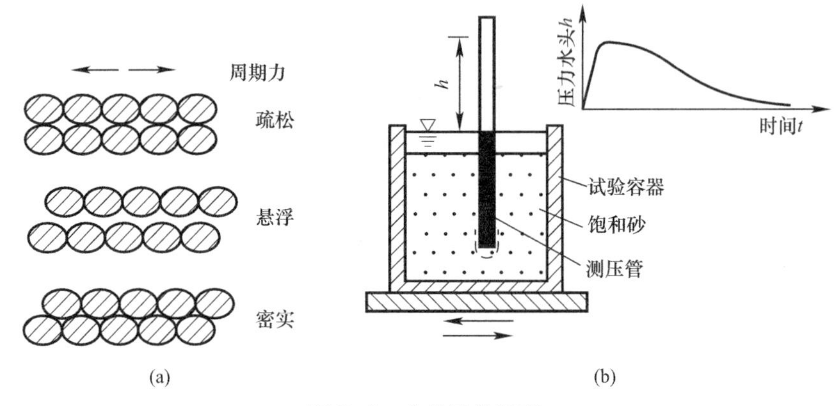

图 9-1 土的液化机理

根据有效应力原理，饱和砂土的抗剪强度为：

$$\tau_f = (\sigma - u)\tan\varphi' \tag{9-1}$$

式中，σ——法向应力；

u——孔隙水压力；

φ'——有效内摩擦角。

由抗剪强度公式可知，孔隙水压力增加，抗剪强度减小。如果振动强烈，孔隙水压力增长很快而又来不及消散，则可能发展至 $u=\sigma$，导致 $\tau_f=0$。此时，土颗粒完全悬浮于水中，成为黏滞流体，抗剪强度 τ_f 和剪切模量 G 几乎都等于零，土体处于流动状态，这就是液化现象，或称为完全液化。广义的液化通常还包括振动时孔隙水压力升高而丧失部分强度的现象，有时也称为部分液化。

若地基由几层土组成，且较易液化的砂层被不易液化的土层所覆盖。地震时，往往地基内部的砂层首先发生液化，在砂层内产生很高的超静孔隙水压力，引起自下而上的渗流。当上覆土层中的渗流水力梯度大于临界水力梯度时，原来在振动中没有液化的土层，在渗透水流的作用下也处于悬浮状态，砂层以及上覆土层中的颗粒随水流喷出地面，这种现象称为渗流液化。这种情况下，表征地基液化的喷水冒砂现象在地震过程中可能并未表现出来，而在地震结束后才出现，并且要持续相当长的时间，因为液化砂层中的孔隙水压力通过渗流消散需要一个过程。

9.1.2 影响液化的因素

液化产生的原因是超静孔隙水压力的发展使土体有效应力达到零，从而使抗剪强度丧失。因此，探讨影响液化的因素可以从分析影响孔隙水压力发展的因素着手。影响液化的因素主要有土的性质、土的密实程度、初始应力条件和动荷载的特征等。

1. 土的性质

由液化机理可知，液化一般只能发生在饱和土中。

土受振动时容易变密，因此，渗透系数较小、孔隙水压力不易消散的土类，如较松的中、细、粉砂和粉土等都容易生成和发展振动孔隙水压力。国内外现场调查和试验研究结果表明，中、细、粉砂是最容易发生振动液化的土，粉土和砂粒含量较高的砂砾土也属于可液化土。

砂土的抗液化性能与平均粒径 d_{50} 的关系很密切。$d_{50}=0.07\sim1.0$mm 的土，抗液化性能最差。黏性土由于有黏聚力，土体振动稳定性较好，振动不容易使其发生体积变化，也就不容易产生较高的孔隙水压力，所以是非液化土。粒径较粗的土，如砾石、卵石等渗透系数很大，孔隙水压力消散很快，难以累积到较高的数值，通常也不会液化。

2. 土的密实程度

松砂在循环荷载作用下产生不可逆的体积压缩，在不排水条件下孔隙水压力很快上升，有效应力迅速减小，当孔隙水压力达到初始有效应力时，应变增到很大，表明此时发生了液化。而饱和密砂在循环荷载作用下孔隙水压力上升较慢，达到初始有效应力后应变稳步增大，但不超过某一极限，再继续加荷只能引起有限大小的应变（称为循环活动性）。

现场试验表明，相对密实度 D_r 越大，抗液化强度越高。有学者在分析 12 次不同地震中 35 类不同土层下的地面运动和液化情况后，得出现场条件下循环剪应力比 τ_{av}/σ'_v 与相对密实度 D_r 之间的关系图，如图 9-2 所示。该曲线可以适用于大多数平均粒径 $d_{50}=0.07\sim0.10$mm 的均匀砂土和产生相当大的应力循环数（如 $N=25$）的地震。

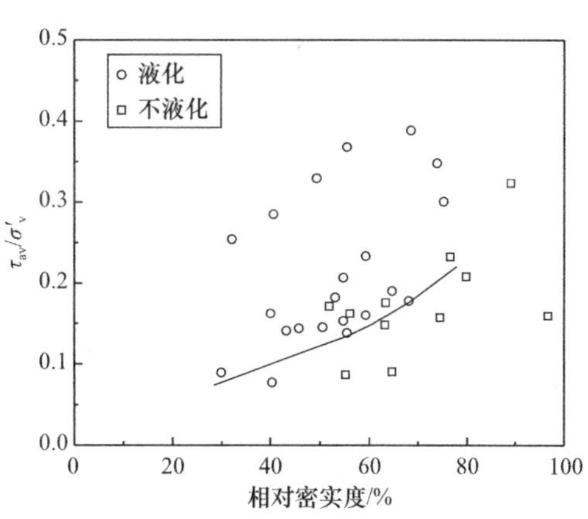

图 9-2　现场条件下循环应力比与相对密实度的关系

Casagrande（1936）用临界孔隙比的概念解释砂土的液化。砂土在受剪时，密实砂土剪胀，而松砂在同样情况下体缩，所以必然存在一个孔隙比，它在剪力作用下体积不发生变化，这个孔隙比称为临界孔隙比 e_{cr}。当实际孔隙比 $e<e_{cr}$ 时，不排水剪切将发生负孔隙水压力，土不会液化；只有当 $e>e_{cr}$ 时，不排水剪切产生正孔隙水压力，才有液化的可能。但是，实际孔隙比 e 与围压 σ_3 有关，不是常数；另外，e_{cr} 是从静力试验求得的，动荷载作用下孔隙水压力的发展与静荷载有所不同。目前在工程中常用砂土、粉土的标贯击数 N 来判断液化的可能性，因为 N 是反映土的相对密实度的重要指标。

3. 初始应力条件

初始应力条件即土体振动前的应力状态，用围压 σ_3 和固结应力比 K_c 表示。围压在土体内不引起剪应力，它对振动后孔隙水压力发展的影响主要是通过土的密度起作用，围压越大，土越密，孔隙水压力的发展越慢，土体越不容易液化。对振动孔隙水压力发展影响更大的是固结应力比，它表示振前土体已经承受的剪切程度。在三轴试验中，随着剪切应变的发展，孔隙水压力的发展速度由快变慢，到了一定的剪应变后，将产生负孔隙水压力。循环应力作用下，虽然总是产生正孔隙水压力，但是固结应力比越大的土，由于振前已经发生较大的剪切变形，孔隙水压力的发展速度越慢，最终的累积值也越小，从而越不容易发生液化，即抗液化能力随着固结应力比的增加而增大。

4. 动荷载特征

动荷载是引起孔隙水压力发展和土体液化的外因。对同一液化土，显然，动应力的幅值越大，循环的次数越多，积累的孔隙水压力也越高，越容易发生液化。

9.2 液化理论进展

9.2.1 液化的理论判别方法

确定现场土层在地震时是否会产生液化，需先求出地震作用在不同深度土中产生的剪应力 τ_{av}，再求出该处产生初始液化所需的循环剪应力（液化强度）τ_d，若地震剪应力 τ_{av} 大于液化强度 τ_d，则该处土体在地震中液化。具体地说，通常采用以下五个步骤：

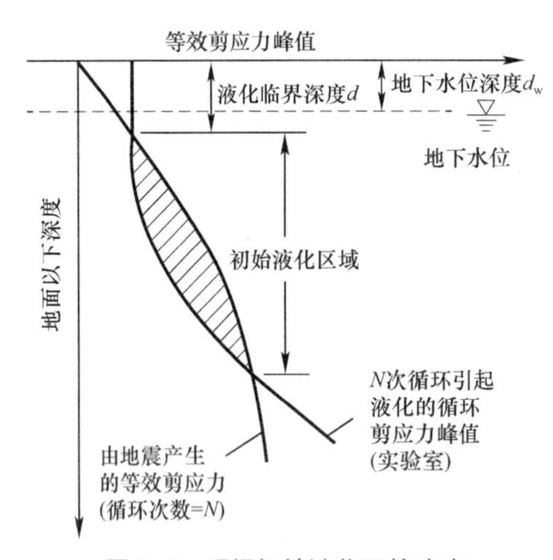

图9-3　现场初始液化区的确定

（1）确定设计地震；

（2）确定由地震引起的在不同深度土层中的剪应力时程曲线（比如通过动力有限元分析或简化方法）；

（3）将剪应力时程转换成等效循环剪应力 τ_{av} 和等效均匀应力循环次数 N_{eq}（根据液化破坏效果一致进行等效），并绘制成随深度变化的关系图，如图 9-3

所示；

（4）利用现场标准贯入试验或室内试验结果，确定现场不同深度处在 N_{eq} 次循环荷载作用下的液化强度 τ_d。由于竖向有效应力 σ_v' 的变化，液化强度也随深度而改变，也可以绘制随深度变化的关系图，如图 9-3 所示；

（5）由地震引起的等效循环剪应力大于或等于液化强度的区域就是可能发生液化的区域，如图 9-3 所示。

为便于应用，Seed 和 ldriss（1971）提出一个计算由地震引起的等效循环剪应力的简化方法。截取砂土层中高为 h 的单位截面积砂柱，如图 9-4（a）所示，假设砂柱为一刚体，最大地面加速度 a_{max} 在深度 z 处所产生的最大剪应力为：

$$\tau_{max} = \gamma z \frac{a_{max}}{g} \tag{9-2}$$

式中：γ——土的重度；

g——重力加速度。

但实际上，砂柱不是刚体，对于可变形土体，在深度 z 处所产生的最大剪应力需要通过剪应力折减系数 γ_d 进行修正，如图 9-4（b）所示。最后，将地震剪应力时程所确定的最大剪应力转换成等效循环剪应力 τ_{av}，取修正值 0.65，转化后如下：

$$\tau_{av} = 0.65\gamma_d \gamma z \frac{a_{max}}{g} \tag{9-3}$$

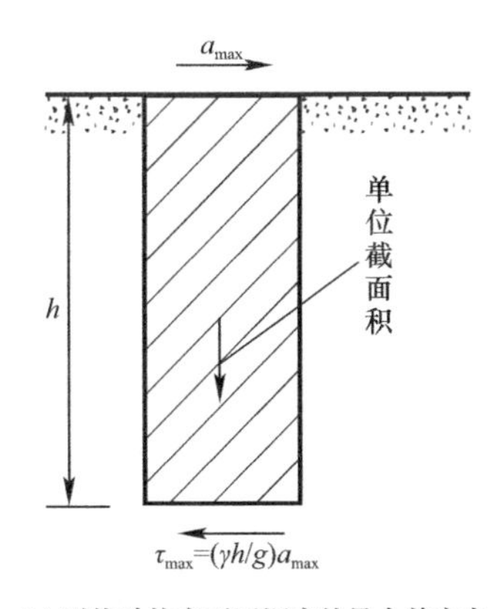

(a) 刚体砂柱在不同深度的最大剪应力

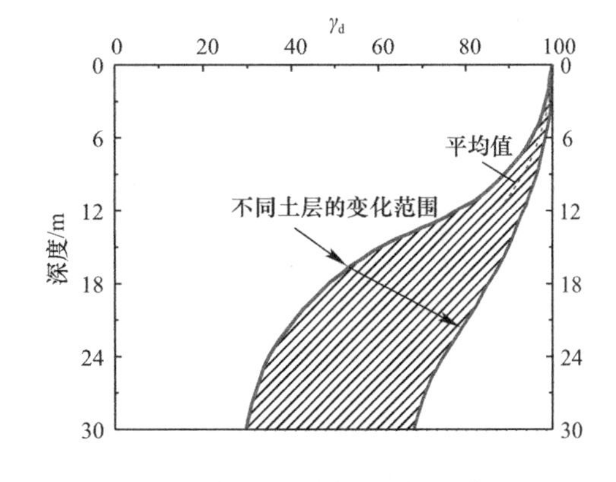

(b) 可变形土的剪应力折减系数范围

图 9-4 地震引起的等效循环剪应力简化计算

液化强度 τ_d 可以利用现场标准贯入试验或室内试验结果确定。采用动三轴试验确定时，以 $u=\sigma_3$ 为破坏标准（“初始液化”）绘制动强度曲线，即为液化强

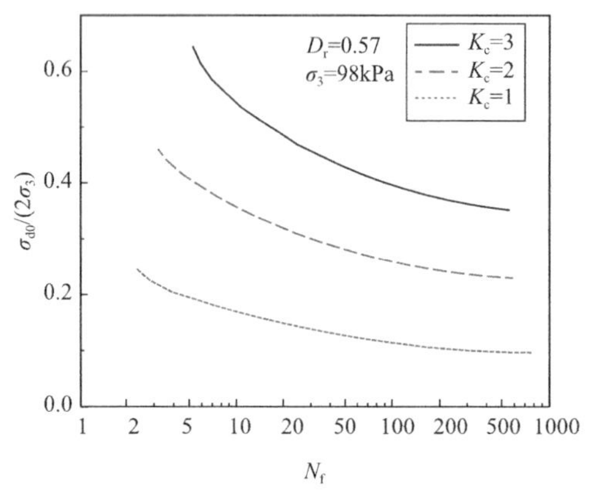

图9-5 液化破坏时动应力幅值 σ_{d0} 与循环次数 N_f 的关系

度曲线，如图9-5所示，液化强度曲线给出了液化破坏时动应力幅值与循环次数的关系。根据等效均匀应力循环次数 N_{eq}，从液化强度曲线上查出发生液化破坏时的动剪应力幅值 σ_{d0}，在动三轴试验中，$\tau_d = 0.5\sigma_{d0}$。

9.2.2 液化的规范判别方法

在抗震设防烈度等于或大于7度的地区修建机场，应进行场地和地基地震效应的岩土工程勘察，根据国家批准的地震动参数区划和有关规范的要求，提供机场抗震设计所需的有关参数。

根据建设场地的地质条件和地形地貌特征，按照现行《建筑抗震设计规范》GB 50011的划分标准，划分抗震的有利地段、一般地段、不利地段和危险地段。其中，有液化土层的地段属于不利地段。

在机场跑道、滑行道、联络道和机坪部位选择控制性钻孔的3～5个孔进行波速试验，测定岩土层的剪切波速，按照现行《建筑抗震设计规范》GB 50011的划分标准，根据岩土层的等效剪切波速和覆盖层厚度确定场地类别。

当拟建机场内的地基土存在有饱和砂土或粉土时应进行地震液化可能性评价。液化评价时应先根据地形地貌条件、地质年代、地下水的埋藏深度和粉土的黏粒含量初步判别砂土和粉土是否有地震液化的可能性，当初步判别认为有液化的可能时，再做进一步判别。液化的判别宜采用多种方法，综合判定液化可能性和液化等级。

1. 液化判别

地震液化的初步判别条件按现行《建筑抗震设计规范》GB 50011的要求进行。具体判别方法如下。

饱和砂土或粉土（不含黄土），当符合下列条件之一时，可初步判别为不液化或可不考虑液化影响：

（1）地质年代为第四纪晚更新世（Q_3）及其以前，地震烈度7度、8度时可判为不液化。

（2）粉土的黏粒（粒径小于0.005mm的颗粒）含量百分率，在地震烈度7度、8度和9度，分别不小于10、13和16时，可判为不液化土。（注：用于液化判别的黏粒含量系采用六偏磷酸钠作分散剂测定，采用其他方法时应按有关规定换算）

（3）浅埋天然地基的建筑，当上覆非液化土层厚度和地下水位深度符合下列条件之一时，可不考虑液化影响：

$$d_u > d_0 + d_b - 2 \quad (9\text{-}4)$$

$$d_w > d_0 + d_b - 3 \quad (9\text{-}5)$$

$$d_u + d_w > 1.5d_0 + 2d_b - 4.5 \quad (9\text{-}6)$$

式中：d_w——地下水位深度（m），宜按设计基准期内年平均最高水位采用，也可按近期内年最高水位采用；

d_u——上覆盖非液化土层厚度（m），计算时宜将淤泥和淤泥质土层扣除；

d_b——基础埋置深度（m），不超过 2m 时应采用 2m；

d_0——液化土特征深度（m），可按表 9-1 采用。

液化土特征深度（m） 表 9-1

饱和土类别	7 度	8 度	9 度
粉土	6	7	8
砂土	7	8	9

注：当区域的地下水位处于变动状态时，应按不利的情况考虑。

地震液化的进一步判别，可采用成熟的方法进行综合判别。当采用标准贯入试验进行饱和土的液化判别时，将标准贯入试验未修正的实测锤击数与液化判别锤击数临界值进行比较。当实测锤击数小于（或等于）液化判别锤击数临界值时，应判为液化土；当实测锤击数大于液化判别锤击数临界值时，应判为非液化土。判别深度为地面下 20m 以内。

标准贯入试验液化判别锤击数临界值按下式计算：

$$N_{cr} = N_0\beta[\ln(0.6d_s + 1.5) - 0.1d_w]\sqrt{\frac{3}{\rho_c}} \quad (9\text{-}7)$$

式中：N_{cr}——液化判别标准贯入锤击数临界值；

N_0——液化判别标准贯入锤击数基准值，应按表 9-2 采用；

d_s——饱和土标准贯入点深度（m）；

d_w——地下水位（m）；

ρ_c——黏粒含量百分率，当小于 3 或为砂土时，应采用 3；

β——调整系数，设计地震第一组取 0.8，设计地震第二组取 0.95，设计地震第三组取 1.05。

液化判别标准贯入锤击数基准值　　表 9-2

设计基本地震加速度 /g	0.10	0.15	0.20	0.30	0.40
液化判别标准贯入锤击数基准值	7	10	12	16	19

2. 液化等级

对已经判别为液化土层的地基，应探明各液化土层的深度和厚度，按下式计算每个钻孔的液化指数，按表 9-3 的划分标准综合划分地基的液化等级：

$$I_{lE}=\sum_{i=1}^{n}\left[1-\frac{N_i}{N_{cri}}\right]d_iW_i \tag{9-8}$$

式中：I_{lE}——液化指数；

n——在判别深度范围内每一个钻孔标准贯入试验点的总数；

N_i、N_{cri}——分别为 i 点标准贯入锤击数的实测值和临界值，当实测值大于临界值时应取临界值的数值；

d_i——i 点所代表的土层厚度（m）。可采用与该标准贯入试验点相邻的上、下两标准贯入试验点深度差的一半，但上界不高于地下水位深度，下界不深于液化深度；

W_i——i 土层单位土层厚度的层位影响权函数值（单位为 m^{-1}）。当该层中点深度不大于 5m 时应采用 10，等于 20m 时应采用零值，5～20m 时应按线性内插法取值。

液化等级与液化指数的对应关系　　表 9-3

液化等级	轻微	中等	严重
液化指数 I_{lE}	$0<I_{lE}\leqslant 6$	$6<I_{lE}\leqslant 18$	$I_{lE}>18$

9.3　液化区机场地基处理

当飞行区存在地震作用下可液化土层，且场地抗震设防烈度大于等于 7 度时，应根据场地地形特征、填挖方情况、液化土层埋藏条件等，分析液化可能产生的危害，并采取消除液化措施。

机场工程抗液化地基处理的目标是：对于跑道，应保证震后不影响救援使用，应尽量避免发生液化。对于滑行道和机坪，轻微液化对正常运行影响不大，短时间可修复，可不采取措施；中等液化和严重液化影响较大，应尽量避免发生。

可液化土地基对飞行区道面的影响主要表现在地震时地基突然丧失部分或全部承载能力。地震时可液化土地基强度的丧失与地基液化等级密切相关，飞行区道面影响区可液化土地基处理应符合表 9-4 的规定。

飞行区道面影响区可液化土地基处理技术要求　　表 9-4

区域	地基液化等级		
	轻微	中等	严重
跑道	道基顶面以下不小于 1m 范围内全部消除液化沉陷	道基顶面以下不小于 3m 范围内全部消除液化沉陷	道基顶面以下不小于 5m 范围内全部消除液化沉陷
滑行道、机坪	可不采取抗液化措施	道基顶面以下不小于 2m 范围内全部消除液化沉陷	道基顶面以下不小于 4m 范围内全部消除液化沉陷

对于地基中的可液化土层，应根据具体情况和表 9-4 的规定，选择下列抗液化或减轻液化危害的处理措施：

（1）采用非液化土置换浅层可液化土层时，置换回填土的压实度应符合现行《民用机场水泥混凝土道面设计规范》MH/T 5004 的要求，高填方机场土方填筑压实指标应符合现行《民用机场岩土工程设计规范》MH/T 5027 的规定。

（2）采用人工加密土层措施处理时，可根据处理深度选择振动压实法、冲击碾压法、强夯法或挤密法等。

（3）可采用减弱地震液化因素的方法，如增加上覆非液化土层厚度等。

当飞行区存在地震液化引起场地滑移的可能性时，应进行专项研究确定是否需要采取处理措施。地震作用下飞行区发生大面积侧向滑移的条件，一是场地内存在连续的有一定厚度的可液化土层，在地震作用下强度丧失；二是场区内或周边存在斜坡（包括小角度斜坡）或临空面，两个条件同时具备时可能发生侧向滑移震害。

可液化土地基处理后，应对处理深度内原可液化土层进行标准贯入等液化判别检测。

9.3.1 液化区处理方法

土体液化涉及的因素较多，如土性、覆盖层厚度、地下水位和地震烈度等。一般而言应尽量避免将可液化砂层作为持力层，若不可避免应进行人工处理，处理方法包括：

1. 换填垫层法

换填垫层法适用于浅层液化地基的处理，其换填厚度应根据置换土层的深度确定，厚度宜为 0.5～3m。在地基处理时应根据场地类别、液化等级、荷载条件、施工机械设备、填料性质和来源综合分析，进行换填垫层的设计，并选择施工方法。

常见垫层材料有砂石、灰土、粉质黏土、矿渣和粉煤灰等，处理浅层液化地基常用透水材料。

2. 原位压实法

机场工程液化土地基处理原位压实法常用冲击碾压法。该方法的冲击与揉搓的复合作用，使得压实厚度或加固深度明显大于传统的滚动或振动压实设备，加固深度一般可达 2～3m。冲击碾压法已在机场工程中得到大量应用，如新疆且末机场、重庆万州机场、上海虹桥机场和浦东机场、淮安涟水机场等。

施工时应控制碾压土的含水率符合最优含水率，根据压实机械的压实能量，选择适当的碾压遍数。碾压的质量标准，通过计算分层压实土的干密度并换算为压实系数来控制，压实系数应符合现行《民用机场水泥混凝土道面设计规范》MH/T 5004 的要求。

3. 强夯法

强夯法适用于处理砂土、粉土等液化地基。理论上，强夯法的有效加固深度可按梅纳公式确定。在实际工程中，强夯的有效加固深度应根据现场试夯或地区经验确定，当缺少试验资料和经验时，可按现行《建筑地基处理技术规范》JGJ 79 的有效加固深度表进行预估，根据夯击能的不同，强夯有效加固深度在 4～10m。

处理后的地基进行地震液化判别，评价是否消除液化。通过夯坑填料及增加点夯击数、遍数，可明显提高液化土处理效果。

4. 挤密法

挤密法主要采用振动或冲击沉管方法在地基中设置砂桩或碎石桩，在成桩过程中对桩间土进行挤密，挤密的桩间土和砂石桩形成复合地基，可提高地基承载力并减少沉降。

振冲密实法一方面依靠振冲器的强力振动使饱和砂层发生液化，砂颗粒重新排列孔隙减小；另一方面依靠振冲器的水平振动力，加回填料使砂层挤密，从而达到提高地基承载力，减小沉降的目的。不加填料振冲密实法适用于处理黏粒含量不大于 10% 的中砂、粗砂地基。

砂石桩复合地基适用于处理松散砂土等可液化地基，其抗液化作用主要有以下几个方面：（1）桩间可液化土层受到挤密和振密作用，碎（砂）石桩在成孔和挤密桩体碎石过程中，一方面，桩周土在水平和垂直振动力作用下产生径向和竖向位移，使桩周土体密实度增加；另一方面，土体在反复振动作用下，使土体振动产生液化，液化后的土颗粒在上覆土压力、重力和填料的挤压力作用下，土颗粒重新排列、组合，形成更加密实的状态，从而提高了桩间土的抗剪强度和抗液化性能。（2）抗震作用，包括砂石桩体减振作用和桩间土的预振作用两个方面。一般情况下，由于砂石桩的桩体强度远大于桩间土的强度，在荷载作用下应力向桩体集中，尤其在地震作用下，应力集中于桩体，减小了桩间土中的剪应力，即砂石桩体减振作用。桩间土的液化特性与其振动应变史、相对密实度有关。砂石桩在施工过程中由于地基土在往复振动作用下地基土局部可产生液化，达到了地基土的预振作用。（3）砂石桩的排水通道作用，可液化地基土的液化特性与排水效果密切相关。砂和碎石都是透水材料，砂石桩为良好的排水通道，可以加速超静孔隙水压力的消散，使孔隙水压力的增长和消散同时发生，降低孔隙水压力上升的幅度，从而提高地基土的抗液化能力。不加填料振冲密实法的抗液化作用主要表现为前两个方面。

当用于消除粉细砂及粉土液化时，沉管砂石桩施工宜用振动沉管成桩法。砂石桩施工后，应将表层的松散层挖除或夯压密实，随后铺设并压实砂石垫层。施工完成后，对散体材料复合地基增强体应进行密实度检验。

9.3.2 地基处理技术的比较与选择

换填垫层法处理液化土地基厚度一般为 0.5～3m。换填垫层法简易可行，处理速度快，效果显著，适合浅层液化土的地基处理，垫层材料宜选用透水材料。冲击碾压法工艺较简单，适合大面积场地浅层液化土的地基处理（不超过 2～3m），处理速度快，处理费用经济，效果较好。强夯法处理液化土地基深度较深（可达 10m），工艺较简单，处理效果好，适合大面积深层处理，但强夯法对周围环境影响较大。挤密法（挤密砂石桩法、振冲密实法和振冲碎石桩法）通过振冲等方法使地基密实及填入透水性好的散体材料构成复合地基，处理深度一般为 4～10m。采用挤密法处理液化土地基深度大，处理效果好，但耗时长，施工工艺复杂，施工难度较大。

不同的地基处理方法有各自的特点和适用范围，从经济性方面分析，冲击碾压法费用最低，强夯法和挤密法费用较高。从处理深度分析，换填垫层法、冲击碾压法适用于浅层处理，强夯法、挤密法适合深层处理。

进行液化土地基处理时，需根据工程性质、液化土层及现场条件，择优选择合适的地基处理方法。当地基除液化问题外还包含压缩性大、承载力不足等其他地基问题时，需综合考虑选择地基处理方案，可同时采用多种地基处理方法，分区域选用不同方法。一般来说，飞行区道面影响区范围较大，从经济性角度考虑，不宜大面积采用复合桩基或复合地基形式，目前广泛应用的冲击碾压以及不同能级的强夯处理工艺，可满足道基顶面以下 1～5m 的处理深度要求。

9.4　工程案例

9.4.1　工程概况和地质条件

淮安民用机场的地基处理工程，机场飞行区场区位于黄河决口扇形平原上，地形平坦开阔，以农田为主。在大面积地基处理施工前选择代表性区域进行现场试验，在试验过程中进行地表沉降、地下水位和孔隙水压力监测，在施工过程中和地基处理之后进行标准贯入和静力触探试验，以检验地基处理效果。

场区内土层分布自上而下分别为：①粉土，夹粉质黏土薄层，场区均有分布，平均厚度为 5.73m；$①_1$ 粉质黏土，局部分布，平均厚度 1.22m；②黏土，广泛分布，平均厚度为 5.66m；$②_1$ 粉土，零星分布，平均厚度为 1.21m；③粉土，局部分布，平均厚度为 2.21m；$③_1$ 粉质黏土，平均厚度为 2.95m；④黏土，平均厚度为 5.99m。

勘察表明，机场飞行区场区 6m 深度内的粉土层按场地设防烈度 7 度考虑为可液化土层，液化等级为轻微—中等；6m 深度以下的黏土层，为硬塑状态，地基土承载力较高。因此，浅层粉土液化问题是场区面临的主要工程地质问题。

地基处理试验区选择在跑道南端，浅层粉土液化等级为中等。根据冲击碾压法的施工特点，试验区布置为长条形，长 250m，宽 24m，总面积 6000m^2。

9.4.2　处理方案

试验前先在试验区一侧地基土中布设钢弦式孔压计和水位管，监测试验过程中孔隙水压力和地下水位的变化情况。孔压监测点 15 个，每个监测点分别在 2m、4m、6m 深度埋设孔压计，地下水位监测点 3 个，埋深为 10m。试验中每轮冲击碾压后，在试验区内部按照 10m × 10m 网格布置临时沉降观测点，量测地表沉降变化情况。另外，还进行静力触探试验和标准贯入试验，以检测地基处理效果。由于场地地下水位接近地表，为减轻孔隙水对地基加固的影响，在进行冲击碾压施工前，通过井点降水作业以降低地下水位。降水作业结束后，在试验区内共进行了 8 轮冲击碾压施工。采用错轮而不重叠轮迹的冲碾方法，整个试验场地冲碾 1 次记为 1 遍，8 轮次冲碾施工的遍数依次为 3、4、4、4、5、5、5、10 遍。所采用的设备为 3YCT32 型冲击压路机，冲击轮质量为 16.5t，工作速度为 12km/h（其中第 2 轮为 8km/h）。

9.4.3　监测结果

1. 地下水位

地下水位监测结果如图 9-6 所示（1 号监测孔），试验区内水位最低降至 4m，内部井点管停止降水后水位有回升，最终维持在 3m 左右。

2. 地表沉降

地表沉降的量测结果如图 9-7 所示，前 2 轮冲碾在试验区内降水作业结束 5d 内进行，冲碾过程中地表起伏明显，并在结束后多处出现孔隙水渗透到地表的现象，第 3 轮冲碾在试验区内降水停止 10d 后进行，地表沉降量最大，后续几轮次的地表沉降量逐渐减少。主要的地表沉降在前 20 遍冲碾后产生，其中前 2 轮冲碾效果不明显，与地表无硬壳层以及地基土中含水率仍较高有关；后 20 遍冲碾产生的沉降量只占总沉降的 12.9%，处理效果已经不明显。

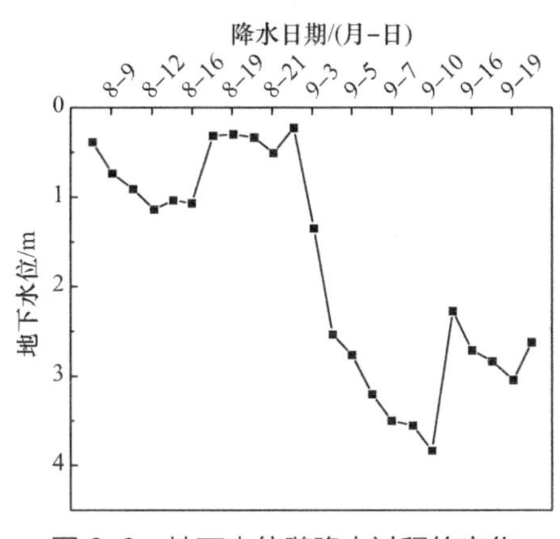

图 9-6　地下水位随降水过程的变化

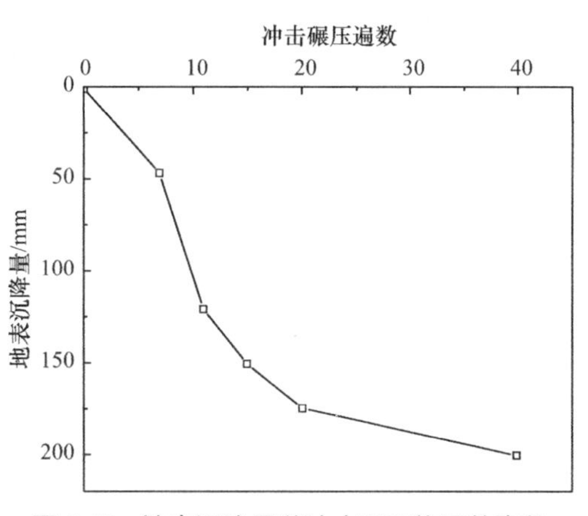

图 9-7　地表沉降量随冲击碾压施工的变化

尽管事先采取了降低地下水措施，经过前 2 个轮次的冲碾施工，所施加的冲击压实能量使松散土体压密，产生超静孔隙水压力，孔隙水被挤出，粉土出现液化现象。此时，应停止冲碾施工，使土体休止，超孔压充分消散。

3. 孔隙水压力

每轮冲击碾压施工前后，及时对孔隙水压力的变化进行监测，得到试验区内冲碾施工引起的超静孔隙水压力的消散情况，如表 9-5 所示。由于监测点较分散，孔压监测结果也比较离散。由统计结果可知，每轮次冲碾后 16～42h，超静孔隙水压力可消散 45.5%～90.8%。结合各轮次地表变形的分析结果，本场区粉土地基在冲碾后需间隔 2d 左右，使得超孔压充分消散。

试验区 2m 深度超孔压消散统计表　　表 9-5

施工阶段	孔压计编号	超静孔压 /kPa	消散时间 /h	消散比例 /%
第 2 轮	K2A−2	17.3	41.8	90.8
第 3 轮	K2C−3	22.3	21.7	70.4
第 4 轮	K2C−3	18.7	23.0	45.5
第 5 轮	K2B−5	4.4	16.3	68.2

9.4.4　结论

（1）现场试验研究表明，冲击碾压法处置场区浅层粉土地基液化问题是有效的，并且地基土 2m 深度范围内压实效果显著，证明了冲击碾压法消除浅层地基液化的适用性。

（2）进行场区粉土地基原地面冲击碾压前，需采取降低地下水位措施，并需在前期冲碾后间隔一定时间，使得土体超静孔隙水压力消散，地表土层强度增长。后期每轮冲碾施工需间隔 2d 左右。

（3）本场区现场试验研究表明，前 20 遍冲碾对粉土地基具有很好的加固效果，而后 20 遍有一定加固效果，但不明显。因此，本场地以及与本场地类似地基条件下，冲击碾压的最佳遍数在 20～40 遍范围内。

第 10 章　高　填　方

高填方机场是山区机场建设中最常见的形式，一般指在山区或丘陵地区最大填方高度大于等于 20m 的机场。在西部的广大山区，受地形的限制，不得不采用“开山填谷”的方式来进行机场工程建设，因此形成了大量的高填方工程。四川省攀枝花保安营机场和九寨黄龙机场、河北省承德普宁机场、贵州省贵阳龙洞堡机场、广西壮族自治区河池金城江机场、重庆市巫山机场、湖北省神农架机场以及山西省吕梁大武机场等都是高填方机场。

在山区机场建设过程中，高填方工程一般兼具地形起伏较大、地质条件复杂、土石方材料多样和工程量巨大等特点，由此带来如地基与填筑体沉降和差异沉降较大、高填方边坡稳定性不足等工程问题，严重影响机场的正常运营。

10.1　高填方的形成与特性

10.1.1　高填方机场的定义

随着西部大开发战略的全面实施，建设用地的大量需求与土地资源紧张的矛盾日益突出，大型项目在荒山荒坡区建设成为必然趋势，为了满足航空运输不断发展的需求，山区机场新建和扩建进入高速发展阶段。

机场建设中，由于地形的变化，设计标高与天然地面标高往往并不一致，设计标高高于天然地面的部分就需要通过人工填筑来完成，从而形成了填方体。目前我国有关土石方工程施工技术规范和规程中，对高填方和高填方边坡尚无明确的界限划分。

为了与公路、铁路工程中高填方路堤的概念相区别，机场工程中一般称其为高填方填筑体。松散的土石料被压实后，其力学性质和工程性质会得到大大改善，有利于土石方填筑工程的安全，与普通土质填筑体相比，巨粒土填筑体的透水性强、抗剪强度高、压实密度大、沉降变形小且承载力高，是一种良好的填方修筑形式。

10.1.2　高填方机场的特点

我国山区机场建设的一般特点是：场道级别高，建设时间短，计划投资少，但山区地形地貌复杂，土石方工程量大。如荔波机场、腾冲机场、龙洞堡机场、攀枝花机场和九寨黄龙机场等。这些山区机场的跑道平整区通常跨越复杂的地形地质单元，形成了挖填交替、土石方量巨大、填料类型众多、性质复杂的高填方和高边坡。而机场跑道对高填方工程又提出了极为严格的要求，一旦出现事故将造成巨大的社会影响和经济损失。

高填方机场具有以下特点：

（1）工期紧、填方量大、填方高度高，有些工程填方高度达50m甚至100m以上，工程进度与工程质量间的矛盾十分突出；

（2）场区工程地质条件较复杂，且高填方地基底部一般都分布有一定厚度的软弱土层，并且软弱土层厚度和分布极不均匀，对软弱土层的处理直接影响高填方岩土体的整体稳定性；

（3）气候条件差，如青藏高原和云贵高原地区，山区机场建设施工气候条件恶劣。

10.1.3 高填方机场的岩土工程问题

高填方机场建设土石方量大、填筑体高，填筑体的密实性难以控制、沉降及边坡稳定性的问题突显，其岩土工程问题主要表现为以下几点：

（1）原地基和填筑体的沉降以及不均匀沉降问题突出

高填方机场的填方高度可达几十米甚至百米，填筑体填方高、自重大、土基中的附加应力大，导致原地基沉降较大。其沉降主要包括瞬时沉降、固结沉降和次固结沉降（通常瞬时沉降在施工过程中发生，不会对工程构成危害。固结沉降在施工过程中部分发生，因此高填方机场填筑体施工完成后，通常放置一个雨季，以便固结沉降尽快发生，以减少工后沉降。次固结沉降的发生是一个漫长的过程，但次固结沉降较小，随时间增加会逐渐消除）。

填筑体填方高度大，在自重作用下产生的蠕变使得填筑体容易发生较大的工后沉降。工后沉降也与填料的选择、填筑方法、压实度和软弱夹层有关。而在机场的填挖交界面，由于相邻土体的密实程度不同、固结状态不同，最容易发生不均匀沉降。目前，对高填筑体的处理设计中这些指标没有明确的标准。

（2）填筑体压实度控制难

压实度是表征土基密实程度的重要指标，压实度越大，土基密实程度越高，土基越稳定。密实的土基可以减小填筑体的工后沉降，更有利于抵抗渗流作用，提高土基稳定性，增加其承载力。填料是否易被压实与土体的含水率、最优含水率、填料粒径和填料颗粒分布等有关。

（3）高填方地基稳定性不足

高填方地基有些是软基，高填方附加应力较大，若原地基处理不到位，常出现地基承载力和稳定性不足，进而造成填筑体与原地基的整体滑动或填筑体边坡的滑坍，以及支挡结构破坏等工程问题。

10.1.4　高填方机场岩土工程问题的成因

（1）原地基的固结沉降增加

当原地基为软基时，其固结沉降需要一定的时间才能完成。若面层施工前，地基固结沉降尚未完成，则其较大的工后沉降会引起道面的损坏。软基的概念是相对的，同样的地基，在低填方下为良好地基，而在高填方下，可能表现为较大的沉降甚至失稳破坏。因此，对于原地基要提出相应的处理方案使其充分固结。

（2）填筑体自身压缩引起的沉降大

在高填方工程中，填筑体堤身较高，因填料自重应力引起的填筑体压缩量通常较大。国内外学者对土石坝的沉降观测表明：堤坝自身压缩沉降常为堤坝高的 2%～3%。对于巨粒土填筑的机场高填方工程而言，其沉降和不均匀沉降一旦超出了机场道面结构层的允许变形范围，机场道面就会在飞机轮载作用下产生断裂，从而影响机场的正常使用。在以往的研究中，通常只关注地基的沉降，而忽视了填筑体本身的压缩沉降。事实上，对于山区沟壑地带的机场高填方而言，软弱土层地基通常厚度不大，经处理后，原地基的变形一般较小，而高填方填筑体自身的沉降成为控制总沉降的主要因素。

（3）高填方体的刚度差异明显

填筑体的厚度越大，在填筑体和原地基中产生的附加应力将越大，产生的沉降量也就越大。由于山区地形复杂，如果沿填方体纵向或横向刚度相差过大，就会引起明显的差异沉降。这种情况主要出现在挖填交接处，填土厚度明显变化处，地基中埋设构筑物（如涵洞）处，地基性质差别较大处等。填筑体碾压施工中，因填土的含水率未控制好、填方材料的级配不好或因填方材料的性质不同、分层碾压厚度不均或碾压次数不足等原因，使平面内的压实度不够和纵断面内压实度不均，也会形成高填方体的刚度差异而产生不均匀沉降。

（4）高填方体变形及施工的不连续性影响

由于不同填方体高度和地基排水条件不同，填筑体不同位置的沉降和沉降速率也不同，使得高填方地基施工期沉降和工后沉降有较大的差别。同时由于高填方机场的土方工程量较大，为了尽可能缩短工期，整个工程划分成多个标段，多个施工单位同时施工。这样容易造成标段间施工进度相差较大，不同标段的交界处存在较大的高差，搭接质量得不到保证，极易产生不均匀沉降。

10.2　高填方理论进展

山区高填方工程的填料一般均就地取材形成土石混合料，其力学指标与石料含量和含水率密切相关。当石料含量达到一定标准时，其压缩模量显著增大，即便填料的密度不高，其亦具有较高的压缩模量。潮湿状态下，碎石颗粒更容易破碎，因此混合料的强度会折减，饱和状态下岩体的强度将明显低于干燥状态。

土石混合料在低围压下呈现剪胀的现象，而在高围压下呈现剪缩的现象，这是由于高围压下颗粒容易破碎。对于强度指标，其摩擦角会随着压力的增大而减小，对于土石混合料来说，其强度包络线并非直线，而是一条曲线。这是由于高围压下剪切导致土体破碎严重，其强度随围压的增长而减小。干燥状态下，混合料应力-应变曲线表现出应变软化的特点，但饱和状态下，可能表现出硬化的特点。

土石混合料具有蠕变性，在荷载不变的情况下，其变形会不断发展。蠕变的过程是颗粒随时间的增长不断破碎和滑移的结果，岩体颗粒一般存在大量微裂隙，当裂纹尖端应力强度因子小于起裂韧度，裂隙不会发展；当大于起裂韧度且小于断裂韧度，裂纹逐渐扩展，最终发生断裂；当尖端应力强度因子大于起裂韧度，裂纹会迅速发展并断裂。

由于高填方地基土石方量大，在大面积施工前，除了在试验段进行施工外，为了对高填方地基的变形和稳定性进行准确预估或评价，可采用离心模型试验模拟原型填筑地基的自重应力，使模型应力-应变场基本与原型等效，在短时间内得到目标时间段的原型特征。

高填方土体的变形包括沉降变形和侧向变形，沉降变形稳定与否直接关系到跑道何时投入使用，而侧向变形大小与高填方边坡稳定性密切相关。目前地基沉降计算主要有分层总和法、弹性法与有限元法等，但能够较好地用于土石混合料高填方沉降变形计算的方法较少，下面分别介绍理论法和现场实测拟合法。

（1）理论法

Terzaghi 和 Boit 固结理论所涉及的土体变形是基于材料弹性且小变形，但高填方工程中土体的变形已远超小变形假设，需考虑材料的大变形。大变形固结理论的研究主要可分为两类：一是基于 Mikasa、Gibson 等的一维大变形固结理论研究，二是基于连续介质力学有限变形理论的大变形固结理论研究。国内学者谢永利较早地编制了完全拉格朗日描述大变形固结的有限元分析软件，其适用于饱和土。但实际工程中，填料一般处于非饱和状态，高填方土石混合料固结过程的复杂性极大地限制了非饱和土固结理论的发展。

（2）实测拟合法

高填方地基工后沉降分析与预测的方法有很多，包括蠕变模型计算、原位监测、回归分析、灰色理论或人工神经网络模型预测等，优缺点不一而足。其中，基于实测沉降变形数据，采用函数模型加以拟合分析预测，避免了建立相应的计算模型并回避了模型参数的取值问题，是现场情况的综合反映。

10.3　高填方机场地基处理

10.3.1　一般土基处理方法

高填方机场应分别对原土地基和填筑体进行处理，以满足工程建设和运营中，对土体承载力、变形和稳定性的要求。

1. 原土基处理技术

机场岩土工程设计应在总体设计意见的指导下，以工程施工顺序为主线进行岩土工程设计细化。首先是对原土基处理的设计，原地基处理方法有换填法、强夯法、碎石桩法、预压法、挤密桩法和搅拌法等，不同处理方法适用于不同地质条件。

2. 填筑体处理技术

高填方填筑体作为机场工程主要受力体，其设计要求更为严格。目前主要的处理方法有碾压、强夯和冲击压实。不同的处理方法其处理深度不同，实际工程中需要根据填筑体的厚度、处理深度、填料类型等确定处理方法，同时需要进行填筑体作业面搭接、填筑体内部排水的设计。填筑体的设计对机场的整体稳定性有至关重要的作用，道面的工后沉降、不均匀沉降、边坡稳定性都与填筑体的处理技术是否合适有关。

以下对强夯法和碾压法研究进展进行简要介绍。

（1）强夯法

何兆益、周虎鑫等在攀枝花机场采用不同夯击能对原地基进行了单点夯击试验，经过夯后地基承载力测试对加固效果进行评价，初步给出了强夯加固地基的施工参数。冯世进等采用室内模型试验研究了强夯法的加固机理、影响深度和强夯过程中的土体变形规律。胡长明等基于吕梁机场高填方地基强夯试验，给出了不同能级条件下强夯加固黄土填方地基的主要参数，建议了强夯有效加固深度的估算方法。高政国等结合辽宁某山地高填方机场工程，发现强夯加固碎石填筑场地施工参数改变时加固效果与以往不同。

“重锤低落距”施工方案优于“轻锤高落距”施工方案。刘淼等通过强夯过程中测量的夯沉量等数据建立反演算法，分析了变形模量随夯击次数的变化规律。从工程应用来看，强夯施工一般是通过试验段试夯确定夯击参数，不同工程因地层结构、填料性质、施工工艺差异不可照搬，对于大面积土石混合料填筑体，还没有成熟的夯击参数理论确定方法。

（2）碾压法

碾压法通常可分为机械碾压法和振动碾压法两种，二者主要区别是在碾压的时候是否施加振动荷载，常见压实设备有平碾或冲击碾。陈涛、梅源等均对这些工艺或组合工艺的碾压参数和效果进行详细对比。目前，该部分研究较为成熟，一般通过选择代表性场地进行试验以满足设计指标。当前有必要进一步探索的方向主要是，填方压实质量检测是通过常规点检测方式进行，该方法费时费力，影响施工进度，且试验结果也只能反映局部压实土的质量特征，无法反映整个填筑层的特征。且当填料为粗粒料或土石混合料时，控制难度更大。

为实现对填土层快速准确的实时评价，瑞典 Ammann 公司开发的 ACE，美国 Caterpillar 公司的基于碾压机净输出开发的碾压监测装置，以及刘东海、张家玲等开发的实时监控系统，其原理是在压实设备正常施工过程中，通过传感器监测填料的压实状态，建立与压实质量之间的经验关系，由此实现动态实时评价。姚仰平等开发了基于北斗的机场高填方施工质量监控技术，实现了通过监控压实设备相关指标来评价填筑体施工质量的目的。

10.3.2　黄土高填方处理方法

西北地区湿陷性黄土广泛分布，在该地区进行地基处理一般难以回避湿陷性黄土地基处理问题。特别是对于黄土场地上的高填方地基，挖方区由于大幅开挖卸载，一般不存在湿陷变形问题，但是对于填方区情况却截然不同，原本非湿陷土层在填方荷载或水环境改变后湿陷性随之改变，极有可能由原来的非湿陷性黄土变为湿陷性黄土。

梅源基于吕梁机场填方工程，通过室内外试验对深厚湿陷性黄土地基处理技术、黄土填筑工艺、压实黄土的变形与强度特性等关键问题进行了系统研究。白晓红对比了常见特殊土的主要工程特性并给出了不同处理建议。黄雪峰通过大型现场浸水试验、桩基试验、理论研究和多个工程地基处理实例分析，对大厚度自重湿陷性黄土地基的湿陷变形规律、地基处理厚度与处理方法、桩基承载性状和负摩阻力等问题进行了深入系统的研究。杨校辉等通过挤密法、DDC 法、预浸水法系列对比试验，较好地解决了西北大厚度黄土场地的地基处理问题。这些成果可为黄土地区高填方地基处理研究提供宝贵经验，但是鉴于山区高填方地基复杂多变，选择有代表性的试验段进行现场原地基处理和填筑体压实试验，既是认识高填方地基相关问题的基础，也是控制高填方地基变形的重要手段。

10.4 工程案例

10.4.1 工程概况和地质条件

五显庙沟填方区域主要组成物质为第四系松散堆积体，下伏基岩主要为白垩系下统白龙组砂岩和粉砂质泥岩，见图 10-1，详细地层由新至老为：

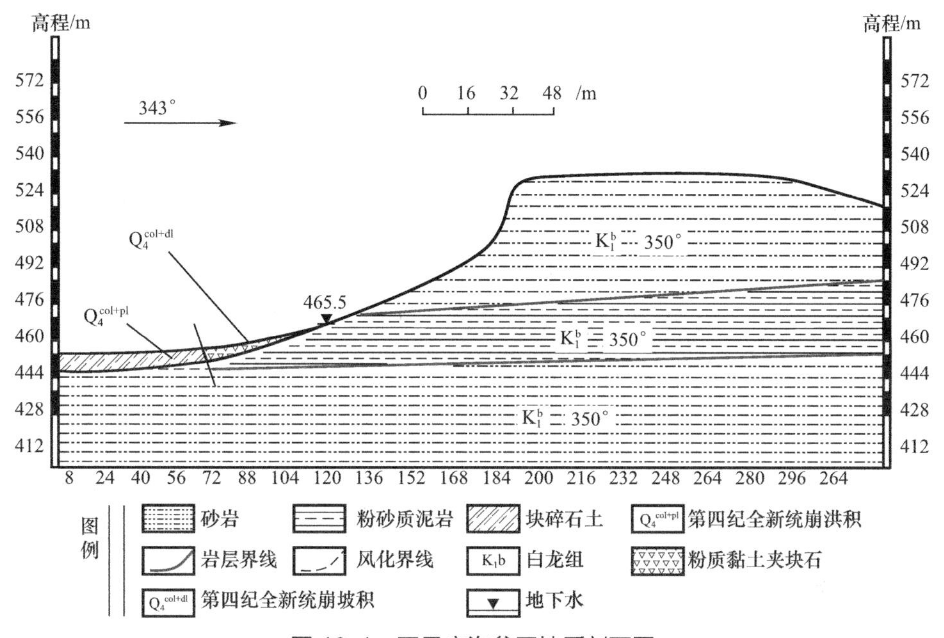

图 10-1 五显庙沟谷区地质剖面图

（1）第四系植物土（Q_4^{pd}）：分布于五显庙填方区沟底及两侧斜坡顶部，多呈黄褐色；主要由粉质黏土或粉土组成，富含植物根系，厚度约 0～0.4m。

（2）第四系崩洪积土（Q_4^{col+pl}）：主要分布于斜坡坡脚地势较为平坦处，主要由粉质黏土及块碎石组成，其特征如下：

崩洪积粉质黏土，厚度一般 0.5～4.5m，局部厚度达 8m 以上，成分主要为含碎石粉质黏土、砂土。粉质黏土、砂土为紫红色，粉质黏土为可塑—软塑状，砂土多为稍密；洪积碎块石呈棱角状，块径一般 3～8cm，崩积块碎石直径一般数十厘米。

崩洪积块碎石土，以块碎石土为主，棱角状，块径在 30～100cm，厚度在 1～3m 不等，块碎石主要为全—中风化长石石英砂岩为主，充填物为粉质黏土，可塑状。

（3）第四系崩坡堆积土（Q_4^{col+dl}）：主要分布于沟谷两侧斜坡坡脚处，主要由粉质黏土及块碎石土组成，特征如下：

崩坡积粉质黏土：厚度一般1.3～3.3m，局部厚度达6m以上，成分主要为含碎石粉质黏土。粉质黏土为紫红色，粉质黏土为可塑。

崩积块碎石土：直径一般数十厘米，堆积物主要以块碎石土为主，棱角状，块径10～50cm不等，最大可达12m。块碎石岩性为强—中风化砂岩，厚度一般在1.5～3m，充填为粉质黏土或粉土，多为可塑状或稍密。规模相对较大，建议在其上填方时进行清除处理。①粉砂质泥岩：主要存在于五显庙沟谷填方区高程在440～460m处，高程在440m处也可见泥岩夹层，紫红色，全风化、强风化、中风化均有分布，以强风化、中风化为主，泥质结构，薄层—中厚层状构造，在其泥岩中常见“姜状”钙质结核，同时研究区中粉砂质泥岩也以透镜体状存在于砂岩中。研究区强风化泥岩的承载力可达180～300kPa，中风化泥岩承载力可达600～1000kPa。

砂岩：广泛分布于五显庙沟谷区，灰白、青灰等色，细—中粒结构，块状构造。砂岩呈厚层—巨厚层状，岩体较为完整。浅表层多为全风化、强风化层。全风化、强风化层强度低，为180～350kPa，中风化层强度较高，可达1500～2500kPa。全风化层岩芯呈砂状，易挖动；强风化层镐可挖掘，岩芯块可用手折断，锤击声闷。中风化层岩芯一般完整，锤击声脆。在砂岩中发育有球状风化和交错层理，同时也常见由于沉积间断强风化的砂岩分布在中风化的泥岩下面等特殊现象。

（4）第四系残坡积土（Q_4^{el+dl}）：主要分布于沟谷两侧斜坡坡平台处，主要由粉质黏土组成，一般呈硬塑，厚度约0～3m。

（5）白垩系下统白龙组（K_1^b）：主要为填方区的基岩，由青灰色砂岩和紫红色粉砂质泥岩组成，岩层总体倾向NW，倾角3°～5°，广泛出露于填方区两侧斜坡。

（6）第四系滑坡堆积土（Q_4^{del}）：五显庙沟谷东侧斜坡存在一处小型滑坡，总体规模较小，未在填方范围内，对工程影响小。主要为残坡积物发生表层滑动，局部地带为浅层岩体滑动。其堆积体以砂岩碎块石、泥岩碎块和碎屑粉质黏土为主，局部见大型块石。粉质黏土主要为可塑态，局部为软塑态。

10.4.2　存在的岩土问题

研究区主要工程地质问题有四个方面，分别为：

（1）高陡边坡问题

由于研究区受地表水地下水的影响较为严重，为深切沟谷，沟谷两壁坡度较陡，产生的下滑力较大。且坡面基本为基岩出露，与填料的物理力学性质差异较大，若不进行处理，则高填方的边坡有整体失稳的可能性。

（2）地基不均匀问题

由于砂岩和泥岩之间，全风化、强风化和中风化砂岩之间，以及第四系松散层与基岩之间物理力学性能差异大，易发生过大的不均匀沉降；原地面起伏不一，第四系松散层，尤其是软弱土层厚度不同，也会发生过大的不均匀沉降。由于地下水、地表水的长期浸泡作用，黏性土承载力和变形模量小，物理力学性能差。若不进行处理，将于填方后在原地面地基中发生过大变形与不均匀变形，同时因抗剪性能差而严重影响填方体稳定性。

（3）地下水问题

研究区为红层贫水区，但缓慢渗流的地下水长期作用于岩土体，将产生如下工程地质问题：浸泡软化岩土体，降低其物理力学性能，如沟谷中受水长期浸泡的黏性土呈软塑、甚至流塑状；砂土呈饱水、松散态；泥岩全强风化层长期浸泡后多呈泥状，抗剪性能急剧降低；全强风化砂岩暴露于空气中被水浸泡后迅速崩解软化呈砂状。

当排水不良时，填筑体边坡中将发生潜蚀作用，细粒物质将被带走而逐步形成空洞，影响高填方边坡安全。同时地下水浸泡填于底部的全强风化砂岩、泥岩，降低其物理力学性能，影响填筑体边坡安全。

（4）全强风化砂岩填料压实问题

由针对不同压实度下全强风化砂岩填料的强度所做试验可以看出，在不同压实度下，其强度相差较大，若不严格控制其压实度，高填方边坡的稳定性问题则变得突出。

10.4.3 处理方案

（1）按照初步设计的填筑方案，考虑在 90% 压实度填筑后形成的高填方边坡在暴雨工况下处于不稳定状态，随着填料压实度的增加，填方边坡稳定性逐渐加强。当压实度为 92% 时，高填方边坡在暴雨工况下依然处于不稳定状态；当压实度为 94% 时，高填方边坡处于稳定状态，但是安全储备较低；当压实度达 96% 时，高填方边坡处于稳定状态，安全储备相对较高。

（2）以 96% 的压实度为基准，采用极限平衡法计算并探讨了填筑坡率对填方边坡稳定性的控制作用，并对坡率进行了优化。以 1∶1.75 的坡率进行填筑时，边坡处于稳定状态；以 1∶1.5 的坡率下进行填筑时，边坡在各种工况下处于欠稳定状态。同时，通过对潜在滑面的搜索，发现其潜在滑面均沿填筑体与基岩的接触面进行滑移。

（3）为了确保填筑体与基岩接触面抗滑稳定性，以 1∶1.5 的坡率，探讨了在接触面开挖抗滑台阶的效果。通过对比开挖台阶前后对稳定性的影响及填方内部应力应变变化情况，认为开挖台阶后高填方处于稳定状态下，并且填筑体与基岩接触面的应力集中及塑性破坏区都得到了明显的改善，按照研究所提的开挖台阶以确保高填方稳定性的方案可行。

参考文献

[1] 邹成杰. 水利水电岩溶工程地质［M］. 北京：水利电力出版社，1994.

[2] 陈国亮. 岩溶地面塌陷的成因与防治［M］. 北京：中国铁道出版社，1994.

[3] 高军. 高速铁路岩溶地质路基设计与整治技术［M］. 武汉：中国地质大学出版社，2014.

[4] 王东生，刘昆珏，胡俊作，等. 岩溶高原湖盆区城市快速路施工新技术哨关路工程施工实践［M］. 成都：西南交通大学出版社，2018.

[5] 周立新，周虎鑫，黄晓波. 高填方机场工程中岩溶地基处理研究［C］// 中国地质学会工程地质专业委员会. 2015 年全国工程地质学术年会论文集. 北京：科学出版社，2015：583-587.

[6] 刘自强. 泸沽湖机场岩溶发育特征及其地基稳定性分析与评价［D］. 成都：成都理工大学，2011.

[7] 陈绍义，陈利娟. 土洞的形成与发育机制及处理措施——以某机场为例来说明［J］. 四川地质学报，2009（3）：296-299，305.

[8] 李广信，张丙印，于玉贞. 土力学［M］. 2 版. 北京：清华大学出版社，2013.

[9] 吴世明. 土动力学［M］. 北京：中国建筑工业出版社，2000.

[10] 龚晓南. 地基处理手册［M］. 3 版. 北京：中国建筑工业出版社，2008.

[11] 中国民用航空局. 民用机场勘测规范：MH/T 5025—2011［S］. 北京：中国民航出版社，2011.

[12] 中国民用航空局. 民用机场岩土工程设计规范：MH/T 5027—2013［S］. 北京：中国民航出版社，2013.

[13] 闫蕊鑫. 饱和黄土静态液化力学行为及启滑机制［D］. 西安：长安大学，2020.

[14] 住房和城乡建设部. 建筑抗震设计规范（2016 年版）：GB 50011—2010［S］. 北京：中国建筑工业出版社，2016.

[15] 住房和城乡建设部. 建筑地基处理技术规范：JGJ 79—2012［S］. 北京：中国建筑工业出版社，2012.

[16] 徐超，陈忠清，叶观宝，等. 冲击碾压法处理粉土地基试验研究［J］. 岩土力学，2011，32（S2）：389-392，400.

[17] 吴屹. 巴中机场五显庙深切沟谷高填方边坡稳定性研究［D］. 成都：成都理工大学，2015.

[18] 刘晓哲. 泸沽湖机场高填方边坡稳定性分析 [D]. 成都：成都理工大学，2011.

[19] 张军辉，黄湘宁，郑健龙，等. 河池机场填石高填方土基工后沉降离心模型试验研究 [J]. 岩土工程学报，2013，35（4）：773-778.

[20] 郑建国，曹杰，张继文，等. 基于离心模型试验的黄土高填方沉降影响因素分析 [J]. 岩石力学与工程学报，2019，38（3）：560-571.

[21] 李小雷. 铁路站场高填方路基沉降分析与控制 [D]. 成都：西南交通大学，2017.

[22] 应宏伟，黄兆江，葛红斌，等. 基于分级加载工况的沉降曲线拟合法及工程运用 [J]. 东南大学学报（自然科学版），2021，51（2）：300-305.

[23] 王丽琴，靳宝成，杨有海，等. 黄土路基工后沉降预测模型对比研究 [J]. 铁道学报，2008（1）：43-47.

[24] 宋彦辉，聂德新基础沉降预测的模型 [J]. 岩土力学，2003，24（1）：123-126.

[25] 周艳萍. 基于灰色模型的山西太原地面沉降趋势分析 [J]. 中国地质灾害与防治学报，2018，29（2）：94-99.

[26] YU F, LI S, DAI Z J. Stability Control of Staged Filling Construction on Soft Subsoil of a Tidal Flat in China[J]. Advances in Civil Engineering, 2020: 8899843.

[27] MERT M, OZKAN M T. A New Hyperbolic Variation Method for Settlement Analysis of Axially Loaded Single Friction Piles[J]. Arabian Journal of Geosciences, 2020, 13(16): 1-14.

[28] 何兆益，周虎鑫，吴国雄. 攀枝花机场高填方地基强夯处理试验研究 [J]. 重庆交通学院学报，2002（1）：51-55.

[29] 高政国，杜雨龙，黄晓波，等. 碎石填筑场地强夯加固机制及施工工艺 [J]. 岩石力学与工程学报，2013，32（2）：377-384.

[30] 刘淼，王芝银，张如满，等. 基于强夯实测夯沉量的地基变形模量反演分析 [J]. 力学与实践，2014，36（3）：313-317.

[31] 梅源，胡长明，魏弋峰，等. 某湿陷性黄土超高填方边坡的离心试验及稳定分析 [J]. 工业建筑，2015，45（6）：93-97.

[32] 梅源，胡长明，魏弋峰，等. Q_2、Q_3 黄土深堑中高填方地基变形规律离心模型试验研究 [J]. 岩土力学，2015，36（12）：3473-3481.

[33] 杨鹏，刘东海，刘强，等. 高填方推土机铺筑推平作业远程实时协同监控 [J]. 河海大学学报（自然科学版），2021，49（6）：559-566.

[34] 白晓红. 湿陷性黄土及地基处理新技术 [J]. 山西交通科技，2022（1）：1-5，34.

[35] 黄雪峰，陈正汉，方祥位，等. 大厚度自重湿陷性黄土地基处理厚度与处理方法研究 [J]. 岩石力学与工程学报，2007（S2）：4332-4338.

[36] 杨校辉，黄雪峰，朱彦鹏，等. 大厚度自重湿陷性黄土地基处理深度和湿陷性评价试验研究 [J]. 岩石力学与工程学报，2014，33（5）：1063-1074.